及早走進

ASD孩子的世界

馮可兒．吳凱霞 著

本書能啟發讀者從三種角色及多角度思維，
用不同方法培育自閉症兒童健康快樂地成長。

A message from our patron...

"*This is a book about real people, real stories, real struggles and real successes.*

I want to thank the authors of this book for sharing their stories and how they patiently overcome their daily challenges.

Most importantly, I want to thank God for His love and blessings to all the parents out there.

May you and your children be loved, protected and have wisdom as you go on this life journey together!"

Miss Yow

Special thanks to Miss Yow:
We extend our heartfelt gratitude towards your
immense kindness and support!

代序

李業富教授

香港優才書院 - 創辦人、榮譽課程總監
《多元智能研究》期刊 - 總編輯

與 Cecilia 共事多年，她做事細心、投入、有幹勁，亦憑着個人毅力發展所長。她認為前線教育工作者，要明白教育是「教人」比「教書」重要，每一位孩子也是獨特的，教導方式也不一樣；在她的教學生涯中曾接觸不少類型學生，包括近年變得普遍但一直存在的「雙重特殊資優生」。

雙重特殊資優生，大致是指兒童同時擁有資優和其他學習差異的特徵，這類型的兒童發展空間可以很大，但他們與生俱來的才華，可能受其他因素如專注力或情緒影響，在成長路上，他們會經歷不同程度的挑戰和挫敗。

父母應把握每天與孩子溝通的機會，教導雙重特殊資優的孩子比一般孩童要更有耐性，給予彈性較大的學習方式，陪伴他們受挫折，帶領他們如何從挫折中再起步，先從他們的興趣出發，提升學習動機，並幫助他們建立自信和正確的價值觀，勇於面對困難，將來成為才得兼備的人材，貢獻社會。

Cecilia 與社工 Olive 合作編寫這本深入淺出、圖文並茂、共八章節的著作，內容真實地反映現今父母及孩子在照顧及學習上遇到的問題，把學習理論、知識以及教學經驗融會貫通，帶領父母如何從不同視角教育孩子，是一本具有閱讀價值的著作。

歐陽卓倫醫生伉儷

歐陽卓倫醫生（太平紳士）

兒科專科醫生

協康會前主席

前香港兒科醫學會會長

前九龍樂善堂主席

香港兒科健康基金主席

認識馮老師廿載，見證她在教學生涯上成長，她有責任心又專業，擅長處理學生的特殊學習需要，她對家長亦富有同理心，樂於聆聽家長心聲，分擔他們的憂慮，並提出有建設性的回饋。

有特殊學習需要的孩子在學習、情緒及行為問題上會出現偏差，父母及早安排子女做評估和介入治療，是令孩子進步的不二法門。

我當了協康會主席多年，眼見有很多自閉症的小朋友加入協康會的大家庭，經過訓練後，大幅進步，大部份都能回到普通小學繼續學業，感到非常欣慰。希望父母都能把握機會，除了盡快把有需要的孩子交到專業人士手中，為孩子提供適切的輔助，父母亦可以學習不同訓練技巧，在家培育孩子。

馮老師這次用自己教學的親身經歷，結合代入父母處境的同理心，把教育心得公諸於世，並加入學校社工吳凱霞姑娘蒐集的真實個案，編寫成著作，希望幫到有需要的家庭。這種無私奉獻的精神，很值得我們支持和鼓勵。這本著作深入淺出，有很多有用和有價值的篇幅，立體地呈現出教導孩子的方法，希望父母能多加利用，為孩子謀福祉。

代序（續）

丁錫全醫生

精神科專科醫生丁錫全醫生

**新界西智障人士地區資源中心
育智中心主席**

香港中文大學醫學院榮譽臨床助理教授

香港特殊學習障礙協會顧問

**香港執業精神科醫生協會前主席
(2006-2008)**

Cecilia 不單要應付繁重的學校工作，近年亦積極支援在學習上有特殊需要的學童，當中包括懷疑及患有「自閉症譜系障礙」的小朋友。她在書中闡述了一位母親發現兒子與眾不同後，如何從沮喪，無助的困境中，帶領孩子衝破重重障礙，成功由特殊幼兒中心走到入讀正規小學階段的歷程。書中亦有學校社工分享如何支援特殊學習需要學生的輔導工作及家長訓練等等寶貴經驗。很高興 Cecilia 及社工把累積的經驗分享並結集成書，鼓勵家長更積極訓練患有自閉症的子女。

近年自閉症人數不斷上升，根據美國疾病控制中心 CDC 統計，2000 年每 150 人有一人患上 ASD，直至 2023 年每 36 人便有一位患者！香港自閉症患者人數不斷上升，可惜針對自閉症患者的訓練嚴重不足，家長求助無門，ASD 兒童白白錯失了最關鍵 3 至 6 歲的訓練黃金期，Cecilia 的著作正好填補這一個缺失，幫助家長踏上扶助孩子之路。

註：育智中心是一所社署津助的家長資源中心，於屯門區提供服務接近三十年。中心匯集不同界別的專業人士，以支援家庭為本，為有特殊需要的人士及其家長服務，例如言語治療、職業治療、感覺統合訓練及輔導服務等。

彭志華先生

資深註冊教育心理學家

新領域潛能發展中心創辦人

香港幼兒教育專業人員協會顧問

香港大學輔導課程講師

不經不覺認識馮主任已 20 多年，近年她在學校擔任特殊教育統籌主任，工作絕不簡單，其中包括支援患有自閉症學童的家庭，幫助他們跨越難關，角色可謂舉足輕重。

有些學童在學校已浮現自閉症特徵，而家長卻仍在疑惑子女的行為或情緒異於同齡、是否需要專業評估時，統籌主任便需要運用靈活變通的方式作出合適支援，讓家長在苦海中有如獲得定海神針。

另一方面，也有部分學童在入學前已進行了評估，統籌主任在收到評估報告後，亦需要與不同專業人員聯繫，協助老師理解相關的診斷結果及介入方案。學童如何融入及適應校園生活、家長與學校如何配合等措施，便需要統籌主任的專業經驗去協調，馮主任在這方面做得十分稱職。

馮主任不單充分發揮這角色的功能，更有耐性去了解自閉症學童家長的困擾及其子女的特性，以同理心與家長溝通，令家長接納自閉症學童的優點與缺點。這種易地而處的態度，更能獲得家長的認同，順利開展家校合作，作出更暢順的支援工作。

這著作既有家長實戰的經驗、亦有教師及社工撰寫的專業內容、非常值得參考，讓家長及照顧者找到治療的大方向，與孩子共建未來，活出更精彩的人生，貢獻社會！

代序（續）

蒙而蕙女士

註冊物理治療師

Upledger Certified CranioSacral Therapist

說起與 Cecilia 的淵源已是 10 多年前的事，她朋友的兒子出生時腦部出血，身體經常痙攣，但通過顱骶骨療法及伸拉運動，情況而得到極大改善。 Cecilia 明白腦部發展與自閉症有莫大關係，她因好奇而想加深認識這療法，因此我們多了交流。

就本人對自閉症小朋友的經驗而言，在六七歲前，基本的顱底骨療法已很有幫助，此療法簡單來說是治療師找出病人緊的筋膜，用輕力的手法去放鬆，從而提升中樞神經，尤其是腦部的功能。此外，放鬆頭顱，脊柱以至於臟腑的筋膜，不但能改善小朋友頭形，亦可提升人的整體功能。

對於未能用言語溝通的孩子，則要加上多些其他針對性的方法配合，例如口面按摩、針灸、或者增加肌肉張力的運動，以提升治療效果。對患有自閉症兒童來說，這能針對性提升他們的視覺專注能力，正常化他們的感覺統合系統，改善他們的言語和溝通能力，從而促進他們的情緒和認知。

越來越多研究顯示頭型對小朋友的發展可以帶來深遠的影響，例如後腦扁有機會影響小朋友視覺和情緒發展。每個小可愛都是不一樣的個體，治療要到位須細心觀察，並且加上家長的配合和適當的早期訓練。

非常欣賞 Cecilia 及她的社工朋友 Olive，在兼顧工作和家庭之餘，提筆寫了這本甚有教育意義的書，此書包含了不少寶貴資訊及各種有用的訓練方式供家長參考，期望家長能把握孩子的黃金訓練期，及早培育他們成材。

註：顱底骨療法，至今仍屬另類療法，並未列入主流治療，家長要找合格的治療師，可參考 www.upledger.com

Amy Mon

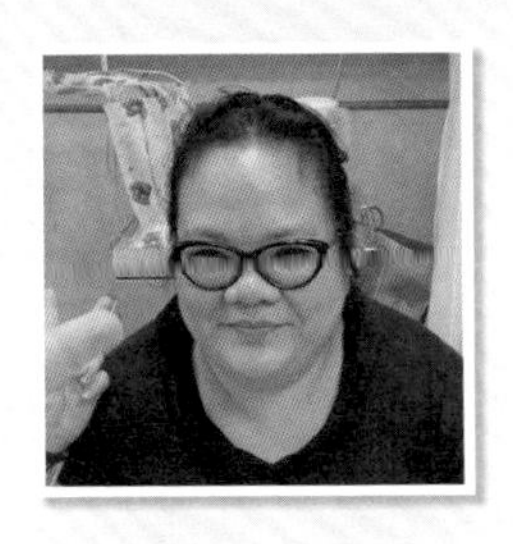

王譚嘉美女士

關注特殊教育權益家長大聯盟主席

蔚仁行善主席

匯心行動副主席

各位父母都希望子女能健康快樂成長，學有所成；但當得知子女被診斷為具有特殊教育需要時，一時間會難以接受，頓感徬徨，感覺前路崎嶇難行。自己是過來人，當孩子確診時，曾有自責或逃避的思想行為，未能適應在生活上突如其來的改變。當孩子的問題持續未能解決時，負面情緒也不斷增加，為了尋找診斷及治療方法，家庭的經濟壓力也在不知不覺間日漸大增。由於在教育孩子的方法上沒有取得一致的共識，兩夫妻在相處間也容易在教養孩子方面衍生不少矛盾與磨擦。

非常感恩，正當我感到最徬徨無助的時候，認識了一班志同道合的朋友，得到不少鼓勵、扶持及不同專業的支援，這更成為一種動力，驅使我參與不同機構，希望能幫助其他有需要的家庭。

前線社工吳凱霞姑娘和馮可兒老師，把支援特殊學童的心得結集成書，這書有很多寶貴的知識及經驗，讓感到苦惱無助的家長或充滿愛心的教師有很多實用資料和教育孩子的心路歷程供參考。得悉此書的所有收益將會捐贈慈善機構，作為家長的我很感動，原來在教育孩子的路上我們並不孤單。

作者序

為了讓讀者更容易理解「自閉症譜系障礙」（Autism Spectrum Disorder，簡稱 ASD），本著作從父母的疑惑作為起點，透過孩子在日常生活中的行為表現來解讀他們的特徵，更具體了解孩子，從而明白自己及孩子在成長過程中面對的困難。

我們結集了常見於父母在照顧患有自閉症孩子的日常生活中所面對的種種困難、經歷、過程及辛酸血淚史；由孩子從出生到小學階段，由束手無策到訓練後的成果、喜悅及滿足，以真實故事及個案形式表達，讓父母能透視孩子在不同環境的表現及內在需要；期望閱讀後能用嶄新的方向認識自閉症，用新的角度與孩子相處，共同攜手跨越每一個階段，並肩成長。

坊間有不少與自閉症相關的書籍，內容豐富，知識廣泛；然而，撰寫本書的目的是希望藉著個人經驗，與父母或照顧者分享及探討如何從自閉症兒童的角度出發，重新檢視教導方向，把訓練及教育元素融入家居生活，讓孩子活出更燦爛的人生。

馮可兒　吳凱霞

目錄

第一章

一位媽媽的心聲及成長分析

中國民間有一句諺語：「當局者迷、旁觀者清」，相信人人也懂箇中意思。在現實生活裏，照顧孩子時，會很自然地按照自己的思維作處事方式，如能夠退後一步，把自己由當局者變為旁觀者，說不定能溢出一種新的體會。

看看以下一位媽媽的自述，記錄了她的孩子由出生到進入小學當中的經歷。

孩子性別：男
出生體重：8磅

非常「好湊」的弟弟(0-12 個月)

有了第一胎的經驗，三年後我自信滿滿的誕下弟弟。猶記起當天弟弟以嘹亮的哭聲來宣告他的來臨，醫生及護士們則以燦爛的歡呼聲來迎接，原因？弟弟是一個八磅重的巨嬰！

出院回家後數天，弟弟大部分時間也是睡覺，到第四天帶他到健康院循例檢查，姑娘發現他眼白泛黃，幫他檢查，初步發現他嚴重黃疸，需要立刻到醫院，到醫院後經過檢查，結果是膽紅素比一般高，要在腳掌底部抽血檢驗，隨後數天需要留院照燈，他需要照兩盞燈，心有點痛，這刻我才發現自以為有第一胎的經驗，原來我的經驗尚淺，有很多方面仍須學習。

嬰兒時期的弟弟非常「好湊」，吃飽便睡、睡醒便吃、不吵、不哭、非常乖巧；由四個月起，已甚有性格，不愛「便便」在尿布上，這確是喜訊，對不對？

(0-12 個月) 育兒小錦囊

嬰兒在 0-1 歲時期，隨著慢慢長大，會對外間有不同反應。視覺上例如爸爸媽媽走過，他們會用眼睛追隨著（視覺追蹤）；到半歲開始，會懂得與別人有互動，玩遊戲，例如玩點蟲蟲，蟲蟲飛；聽覺上，如他們聽到聲音也許會眼睛定定的，像感受聲音的來源，甚或有時會被突如其來的聲音嚇一跳；肌肉發展上，他們會懂得運用手指小肌肉拿起細小的物件，把物件遞給別人、肚子餓了會懂得哭、會說 BB 太空話、會尋找熟悉的人、會抗拒陌生人、亦可能會因看見陌生人而產生焦慮等；在這時期會開始脫離嬰兒期而進入幼兒期。

不愛說話但很獨立（12-18 個月）

蜜月期過後，大家也認為弟弟很獨立，因為他不愛說話；不會依賴父母，不會找爸爸，也不會找媽媽，簡單來說，不會扭計，不會要大人抱抱，不喜歡爬，會懂得用自己的方法借力起立，自己學行路；唯一內心有一個問號，為什麼他還不會說話？經過一輪搜集資料後的結論是，男孩子會較遲學說話，不用想多了。

還有，弟弟力大無窮，還記起一歲注射防疫針的那次，除了我和醫生，還需要兩個護士，按着他的手和腳；我的孩子這麼強壯，這也是喜訊，對不對？

(12-18 個月) 育兒小錦囊

幼兒在一歲至一歲半時期在社交方面已懂得與別人玩耍，例如會把玩具遞給同伴或成年人，也會要求別人把玩具遞回；會懂得「飛吻」、害羞時會把頭伏在大人的肩膊上、能聽懂一些簡單的指令，例如「覺覺豬」、「謝謝」、「拜拜」、「比比」、「放低」等等，這些可稱為「一個元素的指令」。溝通及社交方面，例如照顧者問一些簡單的問題，孩子會用手勢回應，例如會用手指指出方向或答案；也會懂得遇到問題時向成年人求助，例如口渴會要求喝水，去洗手間時會懂得說「臭臭」；當父母上班時會顯得不捨得與父母分離。

很強記憶力但缺乏與人對話（18-24 個月）

弟弟雖然繼續不愛說話，但記憶力似乎不錯，已懂得把超過 200 張，甚至 300 張圖卡的字詞朗讀。思前想後，總覺得弟弟與別不同，似乎不愛與別人溝通。但他的優點是，很愛吃！當有美味的食物在他眼前，什麼也不會得到他的注意。

不要緊，計劃早些給他入讀學前班，多與朋輩溝通，找一間愉快學習的幼兒園吧！在這階段，孩子最重要的是身體健康，對不對？

(18-24 個月) 育兒小錦囊

幼兒在歲半至兩歲時，如父母發現子女沒有與人溝通的傾向，雖然年紀還小，但也不能掉以輕心。亦有些例子是，孩子原本有溝通傾向，但隨著長大會有語言或行為倒退的情況出現。作為父母，很容易會把孩子的弱項消化，認為哪些能力隨著年紀漸漸長大便會自然進步；簡單來說，父母不其然地縮小孩子較弱的問題，放大孩子優秀的地方。上文中弟弟不愛說話，父母便可多加留意弟弟不愛說話當中的誘因，是因為沒有意欲與人溝通、想與別人溝通但卻不懂說話，還是想與別人溝通但基於口部肌肉的問題而有所阻礙？如能及早發現問題所在，盡早介入並識別出孩子問題，以正確和針對性的方向，解決存在的問題。另一方面，雖然弟弟懂得很多「字詞」，突顯了弟弟的記憶能力，但卻忽略了弟弟的解讀能力，雖然他懂得讀，但也要讓他明白「字詞」的解釋，和字詞相關的聯想，能把字詞運用於日常生活上。

初上幼兒園的日子（24-27 個月）

為了方便照顧，第一間我為他選的學校，地點就在屋苑樓下的國際幼兒園。因為是幼兒園第一天上課，我可以陪同。還記起老師拿著一本大圖書為幼兒說故事。我家弟弟性格獨立，老師說故事時，又坐又企，似乎顯得不耐煩，老師請他坐，他不賣帳，就是企，我在猜測，第一天上課，是這樣吧，說不定是肚子餓了。故事後便是茶點時間，茶點的時候他想也不想只花了十秒，茶點已吃光光了，往後上課的一星期，情況沒有改變，相信他已在老師眼中留下不好的印象。這間學校似乎不太適合弟弟，另找一間學校吧。

第二間我為他選的這間學校環境很優美，地點稍為遠一點，在郊區，著重學得愉快，學校有前後花園，可以盪韆韆、可以印手掌畫、玩沙、洗車（玩具車），相信他一定很喜歡我為他精心挑選的這間學校。

差點忘記，我們的弟弟性格很獨特，不愛接受新事物，所以早有預備，提早一小時出發，不出所料，在駕車途中，弟弟不停的掙扎，直至抵達校園。

抵達校園後，他顯得十分興奮，大部分玩具對他來說應該十分新奇，唯獨是用塑膠彩印手掌畫，不喜歡顏料塗在自己的手掌，我想幫他一把，弟弟非常抗拒，似乎給我嚇怕了。

(24-27 個月) 育兒小錦囊

作為父母，很多時會以寬宏大量的心態面對子女，這種想法當然沒有錯；但細心想想，如過份包容，便有機會錯過了一些可以教導孩子的黃金時間；所以如發現孩子出現一些特別行為，不要只是為孩子浮現的行為問題而為他們找不同的藉口；或認為孩子有這些行為問題是因為他肚餓、他不習慣面對新環境、在家不是這樣的、因為受嚇、凡之種種，應積極面對，嘗試用不同的方法改善這些特別行為。這位弟弟的情況，父母可以做的，例如可以在家中為弟弟模擬上課的情景，看看弟弟是否能從模擬訓練中有所進步，多做數次，讓他適應上課的流程，重點不是關心弟弟在老師眼中留下的印象分，而是弟弟是否能盡快適應校園生活，能否在家中訓練時學習到學校的潛藏規則，例如老師說故事時能坐下細心聆聽，不用太急性子，也不用太快選擇轉換學校，可先看看他在家訓練時是否有進步，繼而再作決定是否應轉換環境。

初上幼兒園的日子 (24-27 個月) 續

大概一小時後，便要到班房上課，老師與同學一起唱歌跳舞，但弟弟發現了班房內有一個書櫃，他很有探索精神，重複把書櫃的門開關，怎樣叫也不和同學一起跳舞，我心想，我家弟弟真有男子氣概，可能覺得跳舞太女孩子了，他那麼喜歡開關櫃桶，說不定將來是一位工程師呢！

最後的環節便是茶點時間，老師們為小朋友安排了一張很長的餐枱，父母坐在小朋友的背後，為孩子預備茶點，我為弟弟預備最喜愛的草莓，他很受歡迎，很多老師不停呼喚他，但他實在太愛吃了，投入得沒有聽到老師的叫喚，那刻的我感到有點過意不去。一位外籍爸爸善意的提醒我，可能是孩子有耳垢，也可能是孩子聽力有問題，建議我帶孩子做些檢查。

放學回家便收到學校的電郵，一邊讚賞這間規模不大的學校竟然跟家長聯繫得這麼頻密，一邊急不及待打開電郵一看，來不及反應，以為看錯內容，稍為定神再看，電郵內容大致上提及：

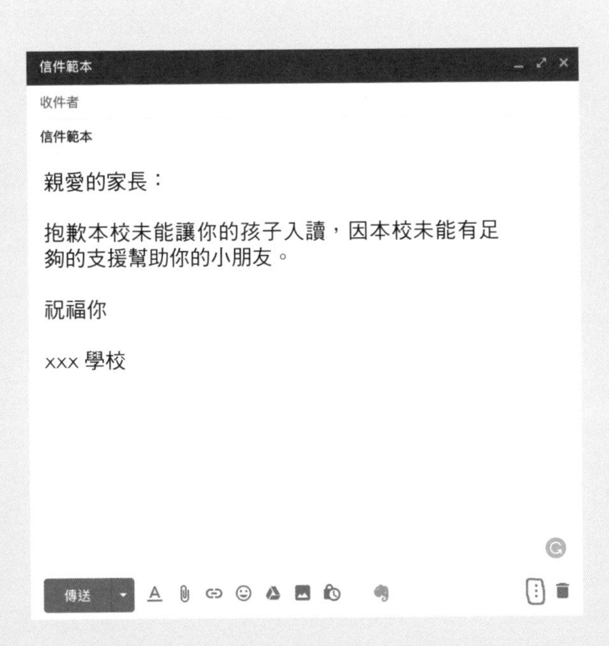

初上幼兒園的日子(24-27 個月)續

一盤冷水一下子湧入心房，驚訝、震撼，甚麼？今天不是已開學了嗎？為什麼突然又說不能讓我孩子入讀？這間學校怎麼這麼奇怪？難道就是嫌棄我的孩子沒有參與跳舞環節嗎？還是在責怪他在茶點時間沒有回應老師的提問？怎可以這樣？我用了一整天時間寫一封信去回應，回應我的不滿，回應這間學校如何不合理。信寫好了，回覆了，心情異常低落，亦因為這件事，我把自己關在自己的房間裏三天，很認真的思考問題出在哪裏？百感交集，內心自問自答、有些害怕、不其然地流下眼淚，心口好像有石頭般壓著，感覺十分難受。

三天後，我問自己兩個關鍵性問題，

1. 學校為什麼不接收孩子？難道是那些老師們針對他嗎？似乎不太合理。

2. 老師跟孩子無仇無怨，為什麼未能把學位給他，想深一層，相信定有箇中原因，最後想通了，問題應該出於孩子身上。

從這一刻開始，腦中掠過很多與弟弟相處時的生活點滴，提問自己，是否對弟弟的性格(行為)過份包容？他似乎不太懂得與別人相處、很少和人溝通、甚少與別人有互動，情緒確實反覆。心想與其閉門在房間內花時間思考為什麼選中我的這類問題，倒不如積極一點為孩子解決問題，為他尋找出路。

(24-27 個月) 育兒小錦囊

一般而言，兩歲時期的幼兒已學會與成年人有互動和簡單的溝通邀請和溝通回合，例如看見媽媽拿圖書出來，會詢問媽媽是否準備和他看圖書，或在家樓下看見管理員叔叔，會主動跟叔叔說聲早晨，這便是一個簡單的溝通邀請，當對方作出回應時，孩子能把話題延續一個或多個溝通回合。文中的弟弟，當老師與同學一起唱歌跳舞，他不但沒有參與活動，卻把櫃門不停開關，沒有察覺孩子有著非一般的幼兒行為模式，媽媽仍沉醉在自我感覺良好的狀態，認為弟弟有男子氣概、不愛女孩子活動如跳舞等。在學校裏老師不停呼喚他而卻得不到回應，母親置身在其中為兒子想出沒有回應的藉口，覺得孩子是因為貪吃而忽略了老師的叫喚，到回家時收到學校的電郵才恍然大悟。慶幸這位媽媽通過三天反思，收拾複雜的心情，用理性的角度想出了關鍵性的問題所在，為孩子尋求解決方法。

進一步評估（28-30 個月）

經過多番查問，朋友建議帶孩子到一間非牟利機構做一個初步的「兒童綜合能力初步測試」評估，預約時間為一星期，當天由一位資深的幼兒導師為孩子做評估，評估後懷疑孩子有自閉症，建議小朋友要作進一步評估。幼兒導師給予很多的建議，經過一番資料蒐集，與家人商討後，初步鎖定孩子需要，決定為孩子安排約見言語治療師、兒科醫生、為孩子找適合他的訓練項目，坦白說，腦中一片空白，但日子卻瞬間變得十分繁忙，因為從坊間的報導得知，不能錯過兒子的黃金訓練期。

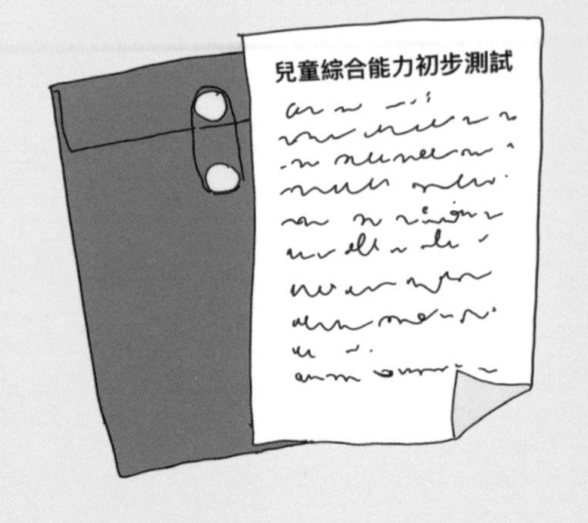

在朋友的介紹下帶弟弟進行第一次的 50 分鐘言語治療，弟弟顯然渾身不自在，進入治療室的時候欲想逃跑，好不容易才能把他氹進去，他不肯安坐、也不肯說話，言語治療室空間很有限，只有一張枱、三張椅子和一個櫃，弟弟把唯一的櫃門重複開關，當然沒有聽從言語治療師的任何指令，五十分鐘很快便過去了，盛惠七百五十元，第一次體會到什麼是燒銀紙。更擔心的是孩子十分自我，叫人摸不著頭腦。回家後覺得總要想出解決問題的方法。也許是潛移默化的關係，腦中不其然浮現出「黃金訓練期」，心想，我必須要在孩子上的每一訓練課也學習不同的技巧，能學到一點兒也好。從訓練中，我發現弟弟每當學一樣新的事物時，起步也會較慢，每當跨越後，他又會學得比上一次暢順，所以每次學新的知識時，我們會花較多時間慢慢讓他接納。記起小時候父母教誨，每天學懂一個生詞，一年便學懂 365 個，如我每天能教懂孩子一件事，一年後，我的孩子便學懂 365 件事了，多好！

我並沒有放棄，一星期見兩次言語治療師，我每次也會把當天上課的內容記下來，回家時把所學到的重複幫弟弟練習，慶幸他的言語表達能力每次也會有改善。

進一步評估(28-30 個月)續

(28-30 個月) 育兒小錦囊

透過各方面的支援及查詢，媽媽帶同兒子到機構做初步評估，評估出來懷疑是自閉症，雖然媽媽的腦中是一片空白，還未及把評估結果消化得來，採取的態度是接納各方面的專業意見，立刻為孩子安排約見不同專科，當中亦學懂了什麼是「黃金訓練期」，希望兒子能在黃金訓練期中讓孩子得到適當的治療。在第一次的言語治療中，雖然沒有任何成果，但媽媽察覺到孩子的性格十分自我，亦立刻想到最佳的解決方法是，不要錯過每一次的訓練，希望在陪同孩子訓練當中也能學到相關的知識及技巧，從而把知識消化後教導孩子。這是一位很積極及正面的媽媽，明白到讓孩子每天學一點，不能急進，聚沙成塔，累積短期目標而去完成長期目標。這位媽媽的規劃很理想，但當中亦需要留意時間上的分配、例如在家庭上的工作分配、也要懂得適當時抽離，給自己一些休息的時間，總不能日以繼夜，不懂歇息，不論是體力上或精神上；可嘗試找朋友出外吃下午茶，聽音樂、做運動，總得學習抽一點時間讓自己休息。

幼稚園面試（兩歲六個月）

由於配套短缺，由排期到得到正式服務當時需排期一年半，有幸遇到特殊教育機構中的一位葉主任悉心為小兒安排一星期三天暫托服務，每次暫託一小時。暫託初期，孩子花了兩星期才願意進入課室上課，過後以漸進式的增加暫托時間，讓孩子逐步適應。

為了方便帶弟弟到中心上午暫托，順理成章為弟弟在暫託中心附近找一間幼稚園返下午班，這是為他找的第三間幼稚園。遞交申請表後，很快便得到學校的回應，面試時間為一星期後的早上。弟弟最喜歡便是吃，直覺上覺得只要弟弟吃得開心，面試時表現便勝券在握，所以我帶弟弟吃了一頓豐富的早餐。

面試的地點在學校裏一間小房間，有一張枱及三張椅子，枱上有很多玩具，椅子後面有一個櫃。一位主任為弟弟進行面試，而我則坐在弟弟的身旁，那位主任問了他幾個問題，由於枱上有很多小玩具，弟弟便只顧玩玩具。當中有一隻玩具碟，底部是不平的，他忽然拿起那隻碟不停把它轉動，我想：我的天啊，我千方百計避免家中擺放能夠轉動的玩具或物品，偏偏在面試的這個環節，卻在一隻玩具碟上露出破綻，我得設法拿走那隻玩具碟，但弟弟搶回，繼續轉，他的反應很快，發現有一個櫃門，便趕緊走到櫃門面前把櫃門不停開關，形容得非常細緻吧！短短一、兩分鐘內發生的事，卻令我心裏亂作一團。然後，那位主任很有信心的提高了嗓子跟我說：「他一定有自閉症」，弟弟亦不見得很合作，第一次看見他故意把頭撞向櫃門，我看得出，是刻意的，我沒有害怕他會把頭撞傷，因為力度不大，一面撞一面看著我的反應。同時我亦被那位主任的說話嚇了一跳，果真直接，臉很燙，心跳得快了，感覺就像做了一件錯事而給別人揭發了。我已忘記她接著的說話，當然我已經能預料面試結果，儘管主任跟我說有消息會通知我。

我進步了，雖然心情沉重，但比起上一次給學校拒絕時，我冷靜多了。不明白為什麼在回程的路上弟弟一直很「扭計」，原本只需行 10 分鐘到港鐵的路程，我用了一小時，他情緒一直很差，直至晚上睡覺時。突然覺得要試用第二種方式跟他說話，我跟弟弟說:「放心，我們不會帶你去讀剛才的學校，所以不用擔心。」神奇的事情發生了，他雖然沒有用說話回應我，但卻用行動回應，他的情緒立刻平伏起來。所以我猜想，他在幼稚園面見時，是有感受的，應該不太喜歡那裏。雖然弟弟不善於說話，這並不代表聽不懂別人的說話。我鼓勵自己，又上了一課了，因為我又學懂多一點了，另一方面腦中不停盤旋三個字:「自閉症」。

幼稚園面試（兩歲六個月）

(兩歲六個月)育兒小錦囊

社會福利署、非牟利機構或私營機構也會有不同種類的暫托服務，目的為支援有緊急需要的父母為嬰幼兒提供暫時性的照顧服務，但家長選擇暫託服務時，建議要分清楚服務對象，是照顧一般兒童還是有特殊需要的兒童、是否需要排期、服務時段和價錢等。

另一方面，文中提及弟弟面試時不停轉動物品，把櫃門不停開關，不論媽媽已在家避免擺放此等玩具，這個做法可以讓孩子避免太沉迷於特定的玩具或物品，接觸多些新的玩具和事物。但由於孩子的行為可能是源於感覺統合問題，這些孩子可能是因為在感覺統合方面會有「過敏」或「過弱」的反應，身體會不其然把某些物品轉動，或把自己身體轉動以尋求某種感官的刺激，有些孩子會因為感官「過敏」而害怕某些音頻、有些則會感官「過弱」而做一些特別行為來增加刺激感例如撞頭、自轉、搖手、敲打物件等；所以除了在家避免擺放這些玩具外，亦需要作出相應的訓練，找出問題的根本，對症下藥來訓練，效果才能事半功倍。

自閉症評估（兩歲八個月）

經過一輪的資料搜集，決定帶兒子到私家診所的腦科醫生做自閉症評估，醫生告訴我評估時間比較長，所以評估分開兩次在兩星期內完成，每次大概需要 1.5 小時。

評估前，醫生問了我很多與兒子之間日常生活的問題，由兒子出生的體重開始，到兒子的愛好，甚少與同齡兒童一起玩耍，說話詞彙量及性格等，一一盡錄在醫生的文件內。

評估時，可以選擇與弟弟一起評估或在評估室外等候，我選擇了後者，因為他在我陪伴之下會顯得更為依賴。評估後醫生表示他於評估開始五分鐘後便平靜下來，不愛坐、愛站著，不太喜歡別人幫忙，但當遇到困難時會捉著成年人的手去尋求協助；專注力及眼神接觸較弱，評估期間當別人稱呼他的名字時不會回應；也不會和別人玩假想性的遊戲，例如煮飯仔、扮超人、扮醫生護士等；還有，語音不準。心想，醫生提到的竟與弟弟在日常生活中顯現出來的一樣，內心有些不安卻不知如何去解決。醫生建議立即排期入讀特殊幼兒中心及早期教育訓練中心，因輪候時間頗長，越快排期便越快得到相關的服務。

兩週後到醫生處取報告，其實潛意識已覺得弟弟總有一些問題，但仍心存盼望醫生會告訴我沒有問題，越接近診所，心跳得越快；到達診所後，感覺空調冷得讓我全身發抖。

召見時間到了，醫生告訴我，弟弟確診自閉症及綜合發展遲緩。然後拿出報告告訴我每一個細項的分數，我很想專心聆聽，但腦袋卻不受控制，全也聽不入耳，不是不想聽，而是未能集中精神，多麼希望不是事實，為何偏偏是我？卻在此際，弟弟拉著我的手，讓我從混亂的思維中走出，我告訴自己，不要好像上次般把自己關起三天，自己應該是幫他的最適合人選。不能放棄、不能沮喪、不能頹廢，要學得堅強、要用有限時間為弟弟創造無限可能。

由評估後開始，閱讀了很多不同的書籍，當中得知自閉症的兒童很喜歡把物品排列，他們會有機會很喜歡恐龍、火車、數目字、英文字母、地圖、巴士、太空等，聽聞也喜歡會「轉」的東西，例如風扇、車轆、地球儀等，所以以上物品，家中一一欠奉。例如家裏沒有玩具車，但男孩子總愛玩玩具車，我的策略是我們家的玩具車車轆是不能轉動的。

很絕情對吧？竟把他可能喜歡的玩具全收藏起來！實情是用心良苦，試想，如果弟弟只喜歡玩以上的玩具，他便可能會忽略其他的玩具、學科知識和興趣。為了他長大日後著想，這些可能喜歡的玩具，就讓日後才發掘吧。現階段，希望他能發掘其他的有趣項目，告訴大家，最後他獨選兒童版電腦，估計因為電腦上有數目字和英文字母。

(兩歲八個月)育兒小錦囊

父母可以說是最瞭解孩子，如懷疑或擔心自己孩子的行為或發展上與其他同齡孩子有差異，當然要盡快找出原因，但也不必過度緊張；還未入學的，可從坊間找出一些支援，與一些有經驗的父母多交流；已入學的，也可多與學校不同的老師溝通，看看孩子在學校的行為是否與其他小朋友有別，可多加留意是父母過於遷就影響孩子的發展，還是浮現的行為是與生俱來；例如一些固執性行為，專注力問題、社交問題等。當然如問題持續，便需要作進一步關注；從以上弟弟的狀況，因較早前通過初步評估是懷疑「自閉症」，媽媽經過反思逐漸認同孩子的行為有別於其他同齡，四出尋找資料，最後決定通過腦科醫生做自閉症評估，雖然評估結果確診「自閉症」，醫生建議弟弟同一時間到政府部門排期，政府的排期時間約一年半，但此舉的好處是，一年半後政府會再為弟弟做另一次的自閉症或智能評估，屆時便可以知道弟弟通過這未來的一年半訓練後是否有各方面的進展。在這情況下，在這一年半期間，可因應孩子的能力而展開訓練計劃。

在香港，自閉症可由以下專業人士包括兒科醫生（兒童體智及行為發展學科專科醫生）、腦神經科醫生、精神科醫生、或臨床心理學家，通過臨床診斷性面談、觀察兒童的行為表現及引用《精神障礙診斷和統計手冊》(DSM) 或《國際疾病與相關健康問題國際統計分類》(ICD)，配合評估工具而作出診斷。然而，若要確診自閉症，需符合手冊內的特定條件及評估工具的結果。坊間亦有不少自閉症檢核表供家長為孩子作初步評估之用途，家長可以參考該類評估工具的結果，再考慮子女是否需要作進一步評估及轉介。

帶孩子參加「專注基礎訓練小組和家居訓練」

「專注基礎訓練小組」共六節每節 1.5 小時，二人一組，第一節見識導師透過玩遊戲進行訓練，遊戲的理論基礎為「視覺追蹤」方式訓練專注力，六節收費約 $1500，在 1.5 小時中進行了數個互動活動，較為深刻的其中一個活動，導師在牆上貼了很多有趣的圖案，然後用電筒逐一照向牆身的圖案，兩位小朋友需要用手鬥快地拍導師電筒所照的圖案上，我估計目的是訓練小朋友的專注力、反應能力和視覺追蹤，弟弟有些慢熱，但也會拍。另一位小朋友則看著弟弟拍，自己沒有拍。看似簡單的遊戲，原來也能觀察到孩子的進步速度，到了約第四節，兩位小朋友似乎已習慣了導師的模式，相對於第一次接觸顯得開懷得多。二人小組好處是雙向的，增加孩子互動的機會。上了六節後，我沒有報讀第二次同樣的訓練，因為第一，我已記下導師訓練的內容，心想這些訓練工具我在家應該也能做到，我想回家試試看，第二，可省回一來一回到這間訓練中心的 1.5 小時的交通時間。第三，我可以省回一千五百元。就是這三個原因，我便把同樣的訓練改為在家訓練，我買了一根電筒，晚上關了燈，把電筒照射於牆身，把訓練時學到的在家中練習，玩了數天，他已能掌握竅門，也似乎對這個遊戲的新鮮感降低了，我隨即作了一些改變；家中有一塊地墊，我把弟弟平常喜歡的卡通圖片貼在地墊上，這次用電筒照在地墊的卡通圖片上，只是這小小的改變，弟弟興奮起來再跟我一起玩了。顯然地他的反應一次比一次理想，像給我打了強心針一樣；然後，我又再改變了一點兒訓練的方式，這次我沒有用電筒，取而代之的是用膠拖鞋拍打，當我拿出膠拖鞋時，弟弟目光是閃亮的，訓練時亦笑過不停，從我的經驗估計，他覺得用膠拖鞋很新奇，因為拖鞋應該是穿在腳上的，現在卻放在地墊上玩遊戲。看見他這麼投入，我便不厭其煩地每天抽十五分鐘和他一起選一種新的物品和他一起玩這個「家庭版」視覺追蹤遊戲。到後期，我估計已拿捏到視覺追蹤遊戲背後的理念，應該是訓練孩子的專注力及反應能力，我甚至把「視覺追蹤遊戲」加入在晚餐時段裏進行，例如，我會和家姐一起叫喊一種食物並一起說：「我們要吃雞翼」，隨即一起看著雞翼，又或一起說：「我們要喝湯！」隨即一起看著那碗湯，弟弟笑得非常快樂，玩得非常投入，這種訓練方式，既不用花費金錢，也能提升弟弟的反應和專注力，更增加了我們的親子關係。總結是，我們把「視覺追蹤遊戲」由最初的牆上拍打，玩到地上拍打；訓練工具由電筒、地墊、拖鞋等玩到上餐枱，過程中不停轉化及融入到家居不同角落，這讓我體會到，每當安排孩子學習一件新事物或接受新的訓練項目時，父母或照顧者應一起參與，一起學習訓練內容的優勝之處，把訓練項目的竅門為孩子繼續在家居中輕鬆地練習。

從這次開始讓我開始明白什麼是家居訓練，他玩得十分興奮，專注力和反應也進步了不少；還有，我發現弟弟和我開始有眼神接觸，作為媽媽的我，很欣慰。

帶孩子參加「專注基礎訓練小組和家居訓練」

育兒小錦囊

媽媽做的方法是理想的，她與孩子一起接受訓練，訓練中參與度很高，她能從訓練員所教授的技巧在家中為孩子用遊戲方式練習，練習多了，亦能掌握箇中技巧，把學到的技巧再轉化為其他遊戲，孩子便能從遊戲中學得暢順，由於時間可自由分配，亦可長可短，遊戲方式和規則亦可自行調教，非常有彈性，除了節省時間和金錢外，更可逐步提升親子關係，這種方法，稱得上是家居訓練，換句話說，父母可以銳變成一位最佳訓練員。當然，還有很多不同類型的訓練項目，父母可以按孩子的個別能力及需要為他們選擇合適的的訓練。

孩子似乎很固執（兩歲九個月）

有一次訓練後乘搭港鐵回家，弟弟嚷著說要吃蛋糕，心想，他現在也差不多三歲了，是時候要學規則，所以便告訴兒子港鐵站內是不能吃東西的，回家後才能吃蛋糕。豈料弟弟的情緒開始有些不穩，直至進入車廂裏，更顯得一發不可收拾，外表的我看來顯得很平靜，但內心實在是非常憂心。

就在此時，腦海中突然浮現曾經看過一本育兒策略的書籍，內容大致提及，如果父母發現孩子有一些不對的行為，在某些可行的情況下也要懂得堅持，否則孩子便有機會變得「難教」，所以我便堅持不讓他在港鐵內吃蛋糕，向他解讀港鐵內「禁止飲食」標誌。

這次回家的旅程路途不遠，卻非常漫長，為什麼？因為當中發生了一段小插曲，當弟弟不停哭泣及叫嚷的時候，有一位男士走到我身旁並跟我說：「你懂不懂教兒子的？你不懂教便找人教你。」他坐在我身旁並不停的說類似說話，我沒甚反應，他再變本加厲跟我說，如我不懂教孩子，倒不如……（內容汙穢，不堪入耳），這段說話令我忍不住回應該位男士，我跟他致歉，請他可否包容一下，因為兒子有自閉症，這是我首次在公開場合，非不得已的情況下，請求別人體諒，同時間，淚水令視線模糊了，感覺喉嚨好像腫了，心情壞透了，卻一點力氣也沒有。可幸地，眼前出現了兩位女士，一位給我遞上紙巾，另一位跟我說不要理會他，這兩位天使更陪伴我到總站，非常窩心，至今仍難以忘懷。

這次的事件還未完結，第二天，我又要帶弟弟出外做訓練，當我們步行到港鐵站前，弟弟把雙手托著我的臉（他到現在也不會用手指指向目標），把我的臉轉向一個嚴禁飲食標誌的方向，跟我說：「媽媽，港鐵是不可以吃東西的！」驚訝嗎？震撼嗎？如大家是孩子的媽媽，你們懂我的感受嗎？你們懂的。

昨天的我還認為孩子很固執，教不懂他；今天他竟然好像突然長大了，誰說他聽不懂？我十分慶幸昨天自己的堅持，我亦很感謝那本育兒書的作者，讓我懂得運用巧妙的策略教導我的兒子，這份成功的喜悅，大大提升了我教導兒子的自信。

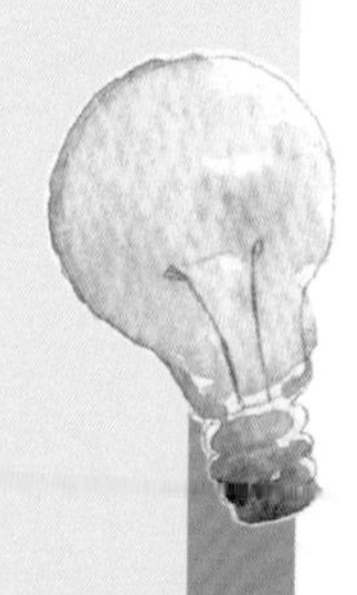

(兩歲九個月)育兒小錦囊

事件當中，有兩點值得大家關注，第一點，媽媽的立場很堅定，從這個階段來看，媽媽學到的知識技巧比孩子成長還快，事件中媽媽認為弟弟在這個年齡應該要學習在港鐵中不准飲食，雖然當中遇到不愉快的對待，但由於她的堅持和耐性，亦慶幸有兩位天使的援助，媽媽最終也能去到目的地。

最為欣喜的，雖然弟弟在當時環境顯得固執，沒有耐性等候港鐵到站便想吃西餅，但由於媽媽堅持，弟弟亦於事後學習到不准飲食的規則。

再理想一點，父母可以在每次外出前，估計孩子可能遇上的某些情景，作出「預告」，父母可以試想像孩子當天可能遇上的問題，預先一起研究可解決的方案，作為預習，讓他們可以從預習中累積經驗用正確方法地面對突發事情。

而第二點值得關注的是「社會融合教育」的重要，有特殊需要的孩子可能會因為不同原因而令他們的行為有別於其他孩子，例如情緒上可能會不太穩定，或會尖叫或在不適當的時候作出不合宜行為。筆者偶爾也會看見這類型小朋友，不同市民也會有不同反應；有些市民會明白這些小朋友行為背後的誘因，所以便會諒解；有些則顯得非常害怕，拉著自己的小朋友遠離；有些會用一些奇怪的眼光看著他們；有些會感到不耐煩等等；而有特殊需要小朋友的家長，大多低下頭專注地處理孩子的需要，臉上顯得尷尬及無奈；一些家長可能會因為孩子的失控而令自己也面臨失控，照顧孩子同時也要顧及自己情緒。筆者不願看到這些情景；如大眾也有認知，明白這些特殊小朋友的需要及行為背後的誘因，接納及包容，世界不是會顯得更充滿愛和色彩嗎？

又一次成功打破孩子的固執行為（三歲）

想起和弟弟同甘共苦的日子，有苦有樂，有笑有淚。記起有一天，為了讓弟弟開心一番，獎賞他吃漢堡包。但他年紀這麼小，怎可能吃下整個漢堡包？所以購買漢堡包後，把漢堡包分開一半，和他分享。大家能猜想到接住下來發生什麼事嗎？買漢堡包後，我也不曉得在什麼時候，弟弟開始哇哇大哭，狀甚可憐，讓我束手無策。不論我怎樣說、怎樣氹他，似乎也沒有效用，他的耳朵像封了，什麼也聽不入耳，他哭得太厲害，哭得身體也不停抽搐，前後擾攘了約半小時，終於找出原因，原來他接受不了漢堡包是半圓形。瞬間變成偵探媽媽的我，每次總要嘗試找出問題的根源。

這次我投降了，我把屬於我的一半漢堡包遞給他，然後，他很認真的把兩邊已分開一半的漢堡包合併，眼泛淚光，雙手顫抖的拿著漢堡包放入口中；我想表達的，在成年人來說，當然吃漢堡包只是一件皮毛的事，但當我看見他的樣子，

從「童」理心的角度讓我卻感受到一個完整的漢堡包對他的重要性。我知道他很痛苦，但我要幫他，他的人生裏，絕不能每次也能吃一個完整的漢堡包。

我想了一個方案，翌日我帶他一起買漢堡包，重點是，漢堡包不是買給他的，是我買給自己吃的。回家後，我把漢堡包分開一半，自己吃，當然，我觀察到他正在觀察我，看一看他，問他要不要吃，他像思考似的，我並沒有理會他，最後我把整個漢堡包吃進肚子裏了。第二天，同樣地帶他買漢堡包，同樣地回家後把漢堡包分開一半，當然他也是盯着漢堡包目不轉睛，吃到一半問他要不要吃，看他猶豫了；第三天，也是一樣買漢堡包，奇蹟發生了，問他吃不吃已分開一半的漢堡包，他拿起來吃了。我家弟弟能夠教得好的，我雖然吃了三天漢堡包，但也是值得的。

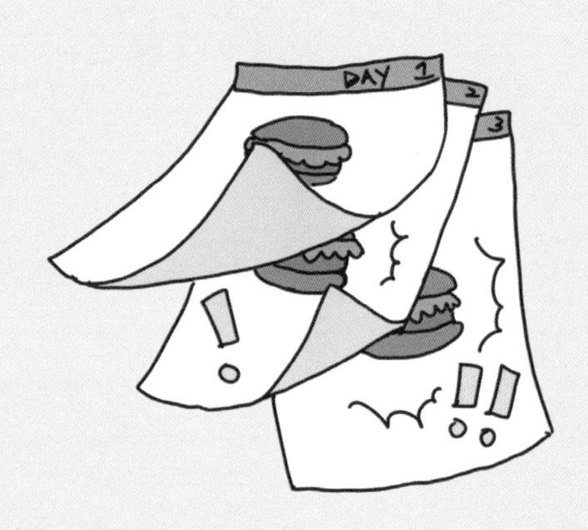

又一次成功打破孩子的固執行為（三歲）續

（三歲）育兒小錦囊

作為父母，要懂得辨別「愛孩子」和「寵孩子」的不同。這是另一個固執性行為的生活事件，在這次漢堡包事件當中，最初因為不為意地把漢堡包分開了一半，由原本開開心心獎賞孩子吃漢堡包頓時變為不愉快收場，令媽媽束手無策。她明白到不能把孩子寵壞，總不能每次也讓孩子吃一個完整的漢堡包，孩子要學習分享。媽媽思前想後，採取了逆思考的方法，用另一種角度和方式嘗試讓弟弟循序漸進地接受只有一半的漢堡包，最終成功了。

讓這類型小朋友接受新事物會有一定的難度，但也不能放棄，因為今天未能做到的，並不代表明天不能成功，每當遇到問題時也可以運用逆思考方式嘗試解決。

到不同機構學習不同的訓練（三歲六個月）

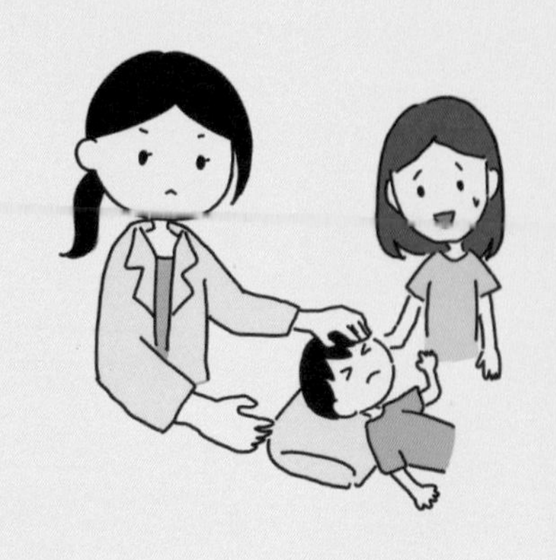

從確診那一刻開始，隨之而來的時間，便是帶弟弟到不同地方做不同訓練，說真的，坊間的訓練項目多不勝數，令人摸不著頭腦，什麼密集式訓練、家居訓練、言語治療、職業治療、物理治療、感覺統合；也有些訓練項目分個人或小組；小組也會分二人小組到六人小組不等。

「顱底骨療法」

一位朋友告訴我，他兒子出生時，因早產及腦出血，孩子會不時抽筋，但卻找不出原因，但經過這位物理治療師治療後，孩子抽筋的情況也會隨著每一次治療後而有所改善，通過數次治療已沒有抽筋情況。這位媽媽推介我找她做顱底骨治療，因為她的經歷而令我覺得不妨一試。這位物理治療師，曾在政府部門工作，懂得顱底骨療法及針灸，每一階段的治療為八週，每週一次，然後休息八星期，再進行另一階段的療程。治療過程當中她會運用手指輕輕按壓頭骨，這部分大約 20 分鐘，弟弟每次的反應也是哇哇大叫，然後她會在孩子身體的其他部分像進行一些按摩的動作，整個療程約 45 分鐘；有時她亦會為孩子做輕量的針灸、有時又會做耳朵穴位、鬆弛口腔肌肉等治療。我們維持了這個治療方式約兩年，在這兩年多，弟弟在各方面例如眼神接觸、言語表達能力、溝通等一直也有進步。

「學前自閉症兒童基礎訓練」

政府相關部門安排了弟弟在醫院進行為期約六個月的「學前自閉症兒童基礎訓練」，這是一個免費的課程，在這個基礎訓練前，我要先面見一大班專業人士討論弟弟的狀況，是一圍枱！不錯，是一圍約有 12 人的枱，有兒科醫生、心理學家、言語治療師、職業治療師、物理治療師、社工、護士等，他們輪流向我發問一些弟弟由出生開始到長大的日常生活問題，心情十分複雜，不由自主的焦慮、害怕，因為我所說的每一句說話和我所回答的每一個問題，也能感受到所有眼睛近距離的向著我。說真的，我已忘記了我曾經把弟弟從出生到長大的狀況說了多少遍，每一次的提起，總是覺得把我傷口的瘡疤揭開，又再淌血，未復原，又再被揭開，畫面重複，人累、心也累。訓練一星期兩次，每次兩小時，家長不能陪同孩子，但好處是，訓練後導師會複述孩子上課的狀況，讓家長可以掌握孩子上課時的行為狀況，姑娘告訴我兒子的一些固執性行為，例如有一次告訴我孩子在活動時每次也要坐同樣的座位，他不能面對椅子被調走，會有脾氣，而姑娘會循序漸進的讓孩學習接受。最終我的孩子接受了座位是可以對調的，而我則學習了原來教導弟弟也可以用微觀的方式地教導。他們會向每位小朋友派發一本手冊，手冊也很清晰的表示小朋友的強弱項，記錄了孩子在上課時的情況，急性子的我便跟著手冊內的每一個細項在家為弟弟練習。原來，這便是家居訓練。

到不同機構學習不同的訓練（三歲六個月）續

「密集式訓練」

常聽到密集式訓練，充滿疑問，尋找很久也未能知什麼是密集式，何謂密集式訓練？一星期訓練多久？每次訓練時間要多長？偶然下，看到一間非牟利機構舉辦「為有特殊需要的兒童進行密集式訓練」，家長可以有三種選擇，第一種選擇是一星期訓練五天，每天六小時。第二種選擇是一星期五天，每次三小時。第三種選擇是一星期三天，每次三小時。因為弟弟正在醫院進行一星期兩天的「兒童基礎訓練」，所以我便報了第三種選擇。這樣安排我認為弟弟便每天也可以有足夠的訓練了。最後我也領會到密集式訓練的意思，相信意思是持續性、無間斷的訓練。孩子在這課程裏得到很多關愛，學習到不同的知識技巧，例如自理能力、輪候、有系統的執行技巧能力。短短半年能感受到孩子的進步。每天的喜悅，便是來自接孩子放學時看見他的進步，例如第一天放學弟弟看見我就很衝動的跑到我面前，一星期後，他已學懂輪候了！兩星期後，他亦學懂放學時向姑娘說再見，還記得那位友善的姑娘叫朱姑娘，弟弟還經常弄錯她的名字，稱呼她做「朱古力」，真令人尷尬；我是一名緊張大師，放學時會盡量抓緊機會問朱姑娘孩子有什麼需要改善，然後我會在家跟著姑娘的教導繼續與孩子一起練習。

（三歲六個月）育兒小錦囊

每位孩子的能力也有不同，強項弱項亦不同，要找適合孩子的訓練並不簡單，既要尋找信譽好的機構，又要找合適項目，亦要配合時間、是否有學額、有時還需要抽籤，殊不簡單。父母可能會較為著重信譽良好的機構，因自閉症小朋友較難適應新環境，所以很多時會不其然地偏向選擇同一機構做訓練，可節省時間之餘，也讓孩子更能適應導師。

大家可試想深一層，每個孩子也是與別不同，性格不同，是否應讓孩子學習面對更多不同類型的導師，到不同機構學習不同的訓練項目？ 轉另一角度來看，父母是否可以從不同機構學習該機構的訓練優勢，不同的技巧，增加自己的參與度，把所學的帶回家中，為自己孩子度身訂做家居密集式訓練，把訓練元素濾化成為日常生活衣食住行的一部分，試想想，把有系統的教學法融入家中，對孩子的日後發展是否會更為理想。

情緒行為問題每天進步多一點（三歲十個月至四歲十個月）

一年多裏弟弟由暫托一小時到半日暫托，再轉為全日暫托，他在各方面的發展均有顯著進步，在這個時候，我希望弟弟能提早接觸普通幼稚園，為他報讀了在家附近有學券制的 K1 下午班，上午仍然返暫托中心接受訓練。返學第一天發現弟弟已懂所有課本知識，同日向幼稚園校長申請入讀 K2，通過各老師觀察一星期後，順利入讀 K2 下午班。我不是想孩子跳班，我只是希望孩子可節省這一年的時間用於學習自理能力和情緒溝通上的訓練，我希望孩子在這些方面能與同齡孩子一起同步成長。

另一方面，繼年多前自行帶兒子到私家腦科醫生進行自閉症評估後，政府「兒童體能智力測驗中心」醫生再為兒子進行評估，記憶當天在智力測驗中心感覺良好，有玩具及書籍讓孩子打發時間，等候期間有位女士微笑的看著他玩耍，估計也有 20 分鐘，似乎因為弟弟長得又白又滑，眉目清秀，我感到沾沾自喜。等候半小時後，姑娘帶領我們進入醫生房間進行評估，打開門一看，喔，很欣賞我孩子的那位女士，原來正是兒科醫生，相信剛才是觀察弟弟的行為。哈，原來我剛才想多了。評估後總結是：感覺醫生很專業，她在整個過程中在文件上不停地寫了很多，也很親切及關心地問了我很多問題，不知怎的，邊聽醫生解說，一邊卻控制不住不停流眼淚，似乎找到一位明白我的人。

第二次的評估結果是他認知發展能力較慢，言語理解及言語表達又比同齡慢一點，體能發展與年齡相符及確診自閉症。獲轉介輪候早期教育訓練中心、特殊幼兒中心、醫管局轄下兒童精神科、臨床心理學家、聽力學家、視光師、家長工作坊。看見這麼多的轉介項目，還不曉得應該是高興得到這麼多的服務，還是驚恐的知道將要接受這麼多的服務！回想起，已幾乎忘記該段日子是怎樣過。值得留意的是，因年多前已經腦科醫生排期入讀特殊幼兒中心及早期教育訓練中心，所以輪候時間好像縮短了，現在回想起，慶幸自己有選擇到私家診所進行評估。

情緒行為問題每天進步多一點（三歲十個月至四歲十個月）

（三歲十個月至四歲十個月）育兒小錦囊

訓練有特殊需要的小朋友要花很多額外的精力和精神，而效果可能只有少許進展。不要看小這些少許進展，累積起來，便能把根基紮得更鞏固。

不難發現，這類型的小朋友每接受一些新的訓練項目，最困難的便是每個訓練項目的訓練起點，起步難，但每當成功地起步，接下來便會一次比一次暢順。

入讀小學前的準備功夫（四歲）

他四歲時，我開始思考孩子入讀小學的安排，希望弟弟「做大仔」，延遲一年入讀小一。我預先做好準備，例如為他早一年報名小一面試，讓他預先體驗面試的狀況，希望明年的今天能更有自信地進行面試。

精神科醫生排期到了，醫生主要詢問孩子的日常生活狀況，詢問了很多資料性的問題、孩子的日常行為情況，是否有其他特別病徵，也問了我如何照顧孩子及用了甚麼方法，整個會面約十五分鐘，覆診期一年一次。

起初我很抗拒孩子見精神科醫生，一直的認知，精神科醫生是與精神病相關，但後來得知只是因自閉症症狀與腦部相關，在香港與腦部相關的情況都是轉介到精神科醫生處理，我嘗試跨越這「三個字」的障礙，有點困難，但為了仔仔，也要學習接受，因為我相信今天的努力能換取孩子明天的成就。後來想通了，多一位專業人士的意見，也不錯。

(四歲)育兒小錦囊

媽媽做了很多準備功夫，沒有放棄孩子將來可能有機會入讀普通小學，報名小一面試也早一年做好準備，目的是希望能預告弟弟有關小一面試的情況，到下一年真正面試的時候，能掌握得更好。當媽媽認為弟弟有機會能入讀普通小學的同時，卻排期到了見精神科醫生，內心不太好受，「精神科」這三個字，實在較難消化。但想深一層，如要孩子有進步，除了在不同導師身上學習不同優勢，也要懂得在不同專業人士身上取其知識技巧，方為上策。

「聽力測試」及「視力測試」小插曲（四歲六個月）

「聽力測試」全程只需十多分鐘，手法純熟的測試員為弟弟戴上耳筒，告訴弟弟如有聲音就給他一個手勢，估計是讓孩子辨別聲音或音頻而作出反應。測試結果指出，弟弟聽力完全正常。因為兒子的關係，在進行聽力測試前我閱讀了很多關於自閉症對聽力相關的書籍，當中發現他們其中的一種特徵是，因為孩子有機會對聲音或觸覺上的敏感，例如他們可能會害怕風筒聲而不喜歡吹頭、不喜歡剪髮器發出的聲音而害怕剪頭髮、不喜歡花灑頭的水落在皮膚上的感覺而不喜歡洗澡等等，我很想阻止這些很可能發生在弟弟身上的事件，所以我想了很多不同的方法，希望他能循序漸進地適應，避免發生以上行為。

「視力測試」的小插曲，視光師看見弟弟後，他把文件夾內的文件翻來覆去，看完一遍又一遍，直覺告訴我，弟弟的表現與文件內的內容不吻合。我大膽的詢問視光師，我孩子的檔案是否很厚？視光師笑笑回應：「對的，文件描述的弟弟和現在看見的不像是同一人」。你說，我聽到後內心怎能不澎湃？這證明什麼？證明這一年多兩年的訓練沒有白費！

驗眼後視光師還跟我說，原本為孩子準備一套專為有特別需要兒童的驗眼工具，但因為孩子非常合作，所以用了一套正常的驗眼工具為他驗眼。測試結果指出，弟弟視力也完全正常。晚上，吃牛扒慶祝，心情仍然很激動。

（四歲六個月）育兒小錦囊

要進一步了解孩子，對孩子身上的每一個細節要顯得分外細心，不要把自己認定的錯誤觀點套用在孩子身上而錯過一些測試，相關機構要求做的測試必定有箇中原因，例如「聽力測試」，不要認為聽力測試只是看孩子能不能聽，當中還會測試孩子對不同音頻的接收能力及其他相關的評估項目，評估後經過專業指導，家長便更能掌握訓練孩子的方向。

「視力測試」視光師會運用工具測試孩子的視覺能力，例如檢查他們是否有青光眼、近視、遠視、焦點追蹤、辨識物件能力、眼睛的健康程度，是否因外在或內在因素影響視力、繼而影響孩子各方面的表現。

特殊幼兒中心的成效（四歲十個月至五歲十個月）

由兩歲八個月開始排期，終於在五歲五個月時收到特殊幼兒中心的學額，本年度為弟弟安排於特殊幼兒中心全日上課。不錯，我們在普通幼稚園申請了退學，還記起當時朋友曾詢問為什麼要把兒子由 K1 跳班到 K2 ？其實我的計劃是：讓弟弟節省一年讀幼稚園 K1 的時間，以便安排日後於特殊幼兒中心全日訓練一年，這年讓弟弟專注於訓練體能、智力、語言和學習等不同範疇。

把弟弟安排於特殊幼兒中心上課，這個心理關口，需要很堅強的意志去衝破，但我相信我的決定對孩子一定有幫助，因為他面對的問題就是以上須要學習的，我希望給自己和弟弟用一年時間，裝備好，目標是能入讀普通小學。

很感恩弟弟身邊一直出現很多天使，特殊幼兒中心的湯姑娘，稱得上是學校裏的媽媽，我在她身上學習了很多不同技巧，還有機構的團隊，對孩子的關愛，孩子在他們循序漸進、悉心教導下，當然還有無限包容及愛護，弟弟不論在情緒上、言語表達、專注力體能發展及溝通各方面都進步神速，入讀普通小學的目標，又邁進一步。

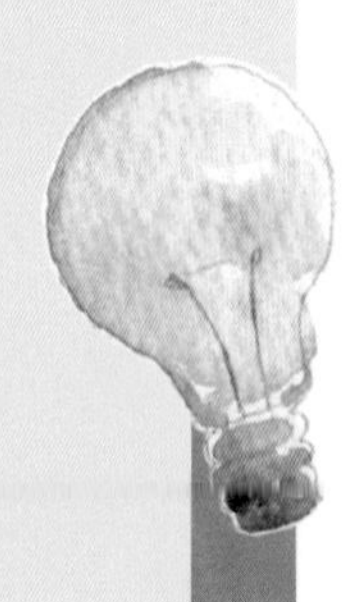

（四歲十個月至五歲十個月）育兒小錦囊

入讀特殊幼兒中心，是否需要鼓起很大的勇氣，見仁見智，重點是，各位父母希望孩子得到什麼的訓練？希望孩子有什麼進步？孩子在訓練中心能學會什麼？

筆者認為，在一般幼稚園有的配套，在特殊幼兒中心也會有，而特殊幼兒中心更加會有不同專業人士在中心內為有需要兒童提供學前教育及相關訓練，例如有中心主任、護士、社工、職業治療師、言語治療師、物理治療師、幼兒導師等。家長需要出席定期家長會，中心亦會派發學童手冊，手冊內有一個很規律的時間表，完善的列出每天由上午至下午的多元化課堂內容，有小組訓練亦有個別訓練，有每月學習內容大綱及報告，有配合主題學習的戶外活動，除了讓孩子能從多角度的方式接受訓練，亦讓家長能掌握孩子的每月學習表現。

在特殊幼兒中心內每一位治療師會設計全年治

療目標，例如物理治療師會訓練孩子的大肌肉，透過不同的訓練工具，以遊戲方式讓他們在玩樂中接受治療。言語治療師會訓練孩子語言前技能包括聽覺反應、目光接觸、溝通意願、模仿能力；亦會訓練語言理解、孩子對故事中伸延性的問題、語言表達能力、發音及口部機能等。職業治療師會訓練孩子體姿控制包括坐姿及上肢穩定力；手部功能包括伸展能力、手腳協調、手握力、手眼協調；感覺統合包括孩子的七感反應；遊戲技巧、寫前技巧、自理及生活技能等。幼兒導師帶領的故事時間、玩玩具技巧、桌上遊戲、主題活動及個別輔導等。

中心亦設有午膳時間、茶點、午睡等，內容多元化。有一點頗為重要的，除了在班房內的活動，大部分由不同專業領域的治療師帶領的個別訓練，也是鼓勵家長一起參與的，目的是希望家長能透過觀察學童的訓練並掌握當中竅門，把學到的訓練技巧用在家居生活中。

值得花的四年時間（五歲十個月至六歲十個月）

在特殊幼兒中心全日制訓練一年後，我為孩子報讀沒有學劵制的幼稚園 K3，為什麼要選擇沒有學劵制的幼稚園？個人調查後，似乎這類幼兒園的課程與一般小學的課程相當接近，相信決定，雖然安排比較費神，但一想到對孩子有幫助，用今天的努力來換取孩子明天的成就，為自己打氣！

在 K3 的整個學年，沒有收到老師的投訴，沒有在學校鬧情緒、功課能完成、只是老師說他的專注力有少許不集中及不太主動與同學溝通。

還有兩個好消息，第一個好消息是他憑自己的能力順利考入一間小學。第二個好消息，在六歲五個月時，於入讀小學前，剛好排期見政府的臨床心理學家。

（五歲十個月至六歲十個月）育兒小錦囊

媽媽花了四年時間為弟弟度身鋪排學習里程。回望過去四年，弟弟從不懂說話到入讀特殊幼兒中心，再得償所願考入心儀小一，成績中上，其變化之大，原因是在黃金訓練期及早訓練出來的果效，還是他只有自閉症的輕微症狀？要在這裏鑽究而找出答案似乎不是重點，但筆者相信，雖然每位有特殊需要的孩子未來變化無人知曉，重要的是訓練過程父母是否積極參與？是否有進修比孩子成長更快的額外知識？訓練方法是否因應孩子的變化而有所轉變？教育方式是否適合孩子？管教方法是否一致？

新的里程碑（六歲五個月）

見政府的臨床心理學家
評估結果如下：
發展評估結果（IQ Test）
韋氏兒童智力量表（第四版）
言語理解：中下
知覺推理指數：中等
工作記憶指數：中等
處理速度指數：中上
行為方面：保持安坐力較弱、易分心、專注力反覆、稍衝動。
言語能力：較弱
建議孩子入讀：普通小學
跟進兒童的發展：暫時無需要評估或跟進服務。
轉介：兒童精神科繼續每年觀察

現在弟弟已進入另一個新的里程碑，升小學了，仍需要面對不同的挑戰，但我深信，紮好根基，定會迎來美好的綻放。

在我來說，媽媽愛孩子是一個不變的定律，在這幾年間帶弟弟接受不同的訓練，雖然很疲倦，但每當看到弟弟有進步，所有倦意便會一掃而空。現在回想，驀然發現，這幾年間陪伴弟弟接受不同訓練的人，還有我的媽媽；每當我發現弟弟有進步時，我當然很高興，而我的媽媽又會因為我和孫兒的進步而興奮，所以我很感激與我風雨同路的媽媽。

以下為弟弟在不同發展階段到正式入讀小學前排日期經歷的里程簡表。

年齡	歷程項目	行為表徵 / 相關訓練
0-12 個月	非常「好湊」	吃飽便睡、睡醒便吃、不吵、不哭、非常乖巧。
12-18 個月	不愛說話但很獨立	不依賴父母，不扭計，不喜歡爬，不用大人抱。
18-24 個月	與別不同，記憶力不錯。	注意力在圖卡詞彙上但缺乏與人有溝通上的意欲。
24-27 個月	不願接受新事物	很有探索精神，重複把書櫃的門開關。
兩歲兩個月	到第一間幼兒園上課，未能適應上課的流程。	坐不定，聽不懂、亦不跟隨老師的指令。
兩歲三個月	到第二間幼兒園上課	行為與其他孩子有別。
兩歲四個月	進行「兒童綜合能力初步測試」服務。	懷疑孩子有自閉症，建議進一步評估。
兩歲五個月	進行第一次言語治療	第一次的 50 分鐘言語治療，沒有聽從言語治療師的指令，態度十分自我。
兩歲六個月	到非牟利教育機構進行暫託。	一星期三天暫托，每次暫託一小時。孩子花兩星期時間才願意進入課室上課，以漸進式的增加暫托時間，讓孩子逐步適應。
兩歲八個月	見健康院護士。 見腦科醫生進行評估。 （私家醫生）	轉介政府部門。 評估結果為「綜合發展遲緩」及「自閉症」。 1. 建議他到特殊幼兒中心、早期教育訓練中心、言語治療、職業治療、物理治療及幼兒導師進行相關訓練。 2. 協助申請到政府「特殊幼兒中心」排位。
	專注基礎訓練小組	共六節 1.5 小時「專注基礎訓練小組」，「視覺追蹤」遊戲訓練專注力。

新的里程碑（六歲五個月）續

年齡	歷程項目	行為表徵 / 相關訓練
兩歲九個月	家長訓練課程	於兒童體能智力測驗中心進行「培育幼苗基本法」培訓課程，課程內容為掌握實際技巧以便在日常生活中及早訓練孩子。
	兒童基礎訓練	到醫院進行為期約六個月的「學前自閉症兒童基礎訓練」，一星期兩次，每次兩小時，手冊註明孩子的強弱項，家長可以掌握孩子上課時的行為特徵。
	非牟利機構「密集式課程」	一星期三天，每次三小時，學習到不同的知識技巧。
三歲六個月	顱底骨療法	物理治療師為弟弟進行顱底骨治療、針灸，及鬆弛口腔肌肉等治療，維持約兩年。
	「兒童體能智力測驗中心」兒科醫生為兒子進行評估	經政府「兒童體能智力測驗中心」政府醫生為兒子進行評估，評估結果為認知能力較慢，言語理解及言語表達再慢一點，體能發展與年齡相符及確診自閉症。獲轉介輪候早期教育訓練中心、特殊幼兒中心、醫管局轄下兒童精神科、臨床心理學家、聽力學家、視光師、家長工作坊。
三歲十個月至四歲十個月	由全日暫托，轉為上午暫托，下午入讀幼兒園 K1	一年多前由暫托一小時到全日暫托，弟弟各方面的發展歷程及速度有顯著進步，入讀學券制的 K1 下午班，(上午在訓練中心暫托）返學第一天發現弟弟已懂所有課本知識，同日向幼稚園校長申請入讀 K2，通過各老師觀察一星期後，順利入讀 K2 下午班。
四歲	見精神科醫生	見了約十五分鐘。覆診期一年一次。

年齡	歷程項目	行為表徵 / 相關訓練
四歲六個月至五歲期間	「兒童體能智力測驗中心」排期安排見聽力學家、視光師。	聽力學家評估指出，聽力完全正常。 視光師評估指出，視力也完全正常。
四歲十個月至五歲十個月	入讀特殊幼兒中心全日班	由兩歲八個月開始排期，五歲五個月時收到特殊幼兒中心的學額，本年度安排於特殊幼兒中心全日上課。
五歲十個月至六歲十個月	入讀沒有學券制的幼稚園K3	在 K3 的整個學年，沒有收到老師的投訴 1. 順利考入普通小學。 2. 在六歲五個月時，於入讀小學前，剛好排期見政府的臨床心理學家。
六歲五個月	見政府臨床心理學家	發展評估結果（IQ Test) 韋氏兒童智力量表 (第四版） 言語理解：中下 知覺推理指數：中等 工作記憶指數：中等 處理速度指數：中上 行為方面：保持安坐力較弱、易分心、專注力反覆、稍衝動。 言語能力：較弱

（六歲五個月）育兒小錦囊

大家是否覺得很奇怪，為什麼這位媽媽記憶力那麼好？能記起孩子在每個年齡階段的每段訓練，事實並非如此。只是她預視將會與孩子經歷很多，在一個很短的時間已碰了不少壁，受盡不少冷眼，熬了不少苦。可能一個看似簡單的問題，實際上卻要翻查很多資料才能找出答案；另一方面，他們也受了不少恩惠，歷程中遇見很多天使。因為照顧有特別需要的小朋友已經要花很多時間，這位媽媽希望將來同路人的路，可以行得暢順一點。所以她把孩子的每個階段的經歷也記錄下來，希望藉著自身的經歷，為不同照顧者帶來更清晰的想法，為孩子把握黃金訓練期。

在這數年間，這位媽媽把很多時間放於弟弟身上，不是帶他在這裏培訓，便是到哪裏做治療。以上列表聚焦性的列出小朋友由懷疑自閉症到確診，由確診到進行密集式訓練，由暫托到特殊幼兒中心，再由特殊幼兒中心到入讀普通小學，不少訓練時遇到的難題和障礙，當中發生的生活點滴，有血、有淚、有歡樂；作為媽媽如何招架？因此，我們蒐集了不同個案，當中發生在家中、校內或校外的不同生活事件，在本書的後半部分將以「個案分析」探討孩子行為的表徵、行為背後的誘因、可行的處理手法，如何在家中訓練，讓父母或照顧者更容易掌握及運用生活上的小技巧，把訓練元素融入家居。

第二章

家長的迷思

孩子呱呱著地，父母的心情除了充滿興奮及期待，也會對孩子的未來充滿盼望。然而，在日常起居生活中，父母在照顧孩子的同時，總會遇上各種挑戰，簡單的如孩子為何不肯進食、無故哭鬧等問題，令父母頭痛，也增加了心中疑惑和擔憂，以致未能及時想出最妥善的處理方法。

根據教育局最近的統計數字，有特殊教育需要的孩子接近六萬人，數目有不斷上升的趨勢，亦因為這個原因，當自己的孩子難以管教，例如有一些難以安撫的情緒、固執性行為、孩子的各項發展等與同齡如稍有差異，種種疑惑，很快便能牽動父母的敏銳神經，猜想自己的孩子是否有特殊需要、是否需要做評估，或恐防錯失黃金訓練期等。

父母可以透過以下篇章作為輔助，把在照顧有自閉症或有自閉症徵狀的孩子時遇到的迷思，作為參考，讓孩子在黃金訓練期內得到最適切的教育。

2.1 從不同角度了解自閉症

我們常聽見自閉症有很多不同的名稱：

孤獨症、亞氏保加症、亞斯伯格症、待分類的廣泛性發展障礙、高功能自閉症、自閉症傾向、自閉症徵狀、非典型自閉症等。隨着診斷標準的更新，根據美國精神醫學學會最新公佈的《精神疾病鑑別診斷手冊》（第五版）(DSM-5) 中指出，以上名稱已統稱為「自閉症譜系障礙」（Autism Spectrum Disorder，簡稱 ASD），診斷標準包括兩大特徵：「社交溝通障礙」和「侷限、重複的行為、興趣與活動模式」。

自閉症兒童的主要症狀除了上述診斷標準兩大特徵外，在腦部功能方面主要為認知功能、情感功能及感官功能等障礙。

自閉症的成因沒有確實的結論，亦沒有統一界定可以根治的方法，可能是遺傳，也可能是某些因素影響腦部發展而形成。比例上男比女多，個案數字亦一年比一年高。原因是食物中的化學物品及重金屬帶來的影響？社會整體教育水平提升？還是家長對教育的認知加深？直到現在自閉症成因仍然不明，不同的研究人員、專家、教授，也希望能找出因由，比較肯定的是與父母的管教方法和家庭背景沒有直接關係。在自閉症的世界裏，可以沒有邏輯，可以沒有前因，沒有後果，簡單、直接，他們的世界也可以說是平面的，直接的。

2.2 孩子是否需要做評估？（評估及排期程序）

從各方面研究指出，及早介入，運用適當的治療及訓練模式能有效地提升各種技能，對患者面對的問題會有明顯改善，助其成長。

當父母發現孩子在情緒、學習、言語、社交和行為等有不理想表現，可嘗試從以下方法進一步分析孩子的情況。

一，是否有其他因素影響孩子的行為，例如時間、地點、人物。若有，請繼續觀察，尋找當中的原因，嘗試解決。

二，若發現孩子在任何時間、地點、都有同樣的不理想表現，那麼可將孩子與同齡孩童作比較，若與同齡人相符，繼續觀察。

三，若孩子與同齡有差異，那便要留意孩子那些不理想的行為的持續性、廣泛性和嚴重性。孩子行為或表現持續了多久？情況涉及哪些方面？不理想的表現對生活上造成什麼程度的影響？

父母若發現孩子不理想的行為持續了一段時間，亦涉及了孩子的精神健康、發展和學習各方面、其程度也影響了生活和孩子的成長和學習，那麼便要尋求進一步支援。

2.2 孩子是否需要做評估？（評估及排期程序）續

0-6 歲幼兒

若孩子還未入學，可自行到母嬰健康院求助，一旦對方認為有需要便會為孩子轉介至兒童體能智力測驗中心。若孩子已入讀幼稚園，家長除了可以自行到母嬰健康院反映情況之外；也可以向學校了解孩子的情況，當彼此都認同孩子需要進一步的評估，幼稚園的老師或社工亦可協助轉介母嬰健康院。然後，母嬰健康院的護士或醫生會面見孩子及父母，再為孩子轉介至附近的兒童體能智力中心，智力中心會為有需要孩子作評估，評估後會因應孩子的實際狀況安排相關不同的家長工作坊、輔導服務或專家，如兒科醫生、臨床心理學家、職業治療師、物理治療師、言語治療師、聽力學家、視光師等為孩子作進一步的評估或訓練。

如有需要可能會再被轉介到兒童精神科，假若孩子符合基本入讀條件，亦可能會被轉介到：

1. 早期教育及訓練中心 (Early Education & Training Center 俗稱 E 位) 或
2. 幼稚園暨幼兒中心兼收計劃 (Intergrated Programme in Kindergarten-cum-Child Care Centre 俗稱 I 位) 或
3. 特殊幼兒中心 (Special Child Care Center 俗稱 S 位) 或
4. 到校學前康復服務 (On site Pre-school Rehabilitation Services 俗稱 O 位)

唯現時輪候時間普遍較長，約需一年至一年半，輪候期間，父母可到社會福利署的網頁尋找「康復服務中央轉介系統輪候冊」瀏覽最新輪候時間。

若不想等待，父母亦可選擇自費在非牟利機構或私人醫療中心為孩子做評估，輪候時間較短。其後可把報告交予校方相關老師、學校社工或社署社工，社工會協助為孩子辦理輪候復康服務的程序。家長若不想錯失黃金治療期，可於輪候期間自費為孩子到相關機構進行訓練。

發現社交、情緒和行為問題

1. 請教醫生
2. 到母嬰健康院尋求協助
3. 到非政府機構進行初步能力測試或發展評估
4. 如幼兒已入學，除以上三種途徑外，家長亦可透過幼兒中心或幼稚園轉介到母嬰健康院

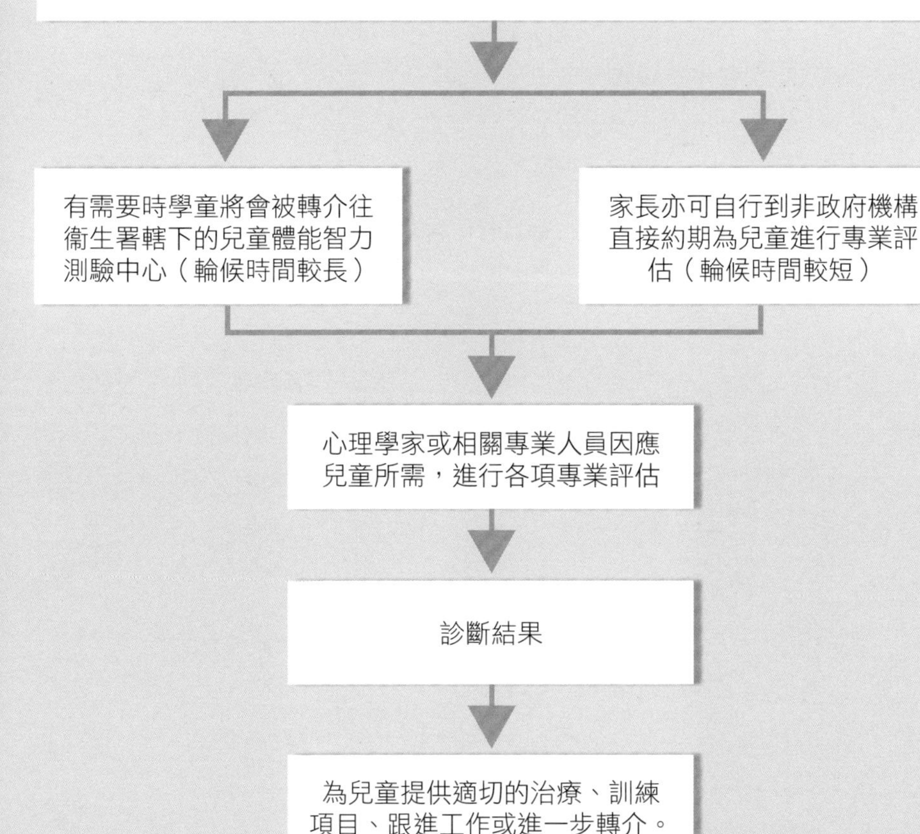

2.2 孩子是否需要做評估？（評估及排期程序）續

小學階段 (6-12 歲)

香港小學設有「小一及早識別」計劃，計劃目的是及早識別有學習困難的學童，學校特殊教育統籌主任會聯同不同持分者，檢視學童在各方面的表現，包括：自理能力、情緒及學習上的表現，填寫「小一學生之學習情況量表」，通過量表分析學童的識別結果。結果主要分為「沒有學習困難」、「輕微學習困難」和「顯著學習困難」。

就讀小學二年級至六年級的學童，老師亦同樣檢視學童各方面的表現，因應他們不同狀況而按需要提供支援或調適。

如有需要，學校會根據學童的需要而諮詢教育心理學家或相關專業人士為孩子做評估或作進一步轉介。

一般而言，校本心理學家可以為學生做智力測試、讀寫障礙評估，按照評估結果，協助父母及學校檢視及修訂學童的各項學習或情緒上的支援。而言語治療師則為學生做言語評估，其他特殊學習需要評估後會按需要或被轉介至醫院管理局的專科作診斷。

若家長想盡快支援孩子，可一邊自費找專家為孩子作評估及提供治療或訓練，並同步輪候公共醫療服務，以爭取時間幫助孩子提升技能。

發現社交、情緒和行為問題

1. 請教醫生

2. 透過學生健康服務尋求進一步支援

3. 向學校老師或社工反映

心理學家或相關專業人員因應兒童所需，進行各項專業評估

有需要時學童將會被轉介往衛生署轄下的兒童體能智力測驗中心（輪候時間較長）

家長亦可自行到非政府機構直接約期為兒童進行專業評估（輪候時間較短）

診斷結果

為兒童提供適切的治療、訓練項目、跟進工作或進一步轉介。

2.2 孩子是否需要做評估？（評估及排期程序）續

家長可留意，如轉介衛生署，評估、各項訓練或專家診症等費用，均為象徵式收費，一些課程及家長講座更是免費提供，一條龍服務。而值得注意，如幼兒需要做智力評估，家長所得到的診斷結果報告內容簡短，可能只會提供幼兒的診斷結果，需要做哪幾項訓練等，家長並不能知道評估內的每項細節內容，只能從醫生的口述知道孩子評估時的表現。

如透過自行到非政府機構進行評估，好處是輪候時間一般較短，假設同樣做智力評估，家長得到的報告則較為詳盡，相關心理學家會在報告上列出幼兒在評估內不同範疇的強項及弱項，家長不但能可以因應報告內容針對性為孩子選擇訓練項目，好處是同樣能知道其子女是否有強項之處而盡早加以栽培。因為有不少學術文章顯示，部分學童被診斷為「雙重特殊資優學生」，意思是孩子除了一些特殊需要外，可能還有資優的特質，父母可由報告中的數據發掘孩子的強項，不容忽視。

2.3 我的孩子能康復嗎？

當孩子被診斷為自閉症譜系障礙的時候，相信很多家長都會很想知道——我的孩子能康復嗎？我的孩子未來將會是什麼模樣？會跟平凡人一樣嗎？會懂得自己照顧自己嗎？這個症狀帶來的不同問題會透過訓練能改善嗎？

目前在醫學上很多不同學者及專業人士意見，照顧者若能在黃金治療期介入訓練，孩子在各方面均能有顯著的進步。

黃金治療期

黃金治療期指給予約三至六歲的這類型的孩童提供適切的訓練。孩子在這段時期發展語言、建立社會規範的行為，若在合適的環境裏接受訓練，修正認知功能不均勻的缺點，能幫助他們建立常人的思維、表達溝通及社交行為模式，這樣能幫助他們提升日後適應社會的能力。

自閉症孩童在嬰幼期，約三歲左右便可能呈現與人相處、溝通、重複行為等問題。這些孩童與同齡孩童各方面能力上會出現差異，其中原因有機會是由於他們的認知功能不平均，認識事物時，不能像一般同齡兒童有效的地理解事物，同時，可能在學習過程中其注意力不容易集中，感覺統合方面亦有不同程度的敏感度而導致不協調；性格上不難發現會有重複的固執性行為，以致在行為、社交、情緒、表達等各方面出現障礙。根據多方面研究資料所得，若能在三至六歲這段時間內，就著孩童不足的地方給予密集式及針對性的訓練，均能有很明顯的改善及進步，特別是高功能自閉症的孩童，隨着他們年紀的增長，重複實習及應用已學懂的技巧、方法及知識，漸漸地，他們可以很好地融入社會。

2.4 有什麼可以幫到孩子？（治療及訓練項目）

不同種類的治療方式及訓練項目可以針對性地提升孩子在認知、環境、行為、互動與溝通各方面的能力；除了一般常見的訓練外，近年坊間亦出現了各式各樣的治療方法，成效是否顯著，見仁見智，較難作一致性的判斷，因為不同的訓練方式、不同導師、時間長短、孩子性格、狀態等，也會直接影響治療結果，以下列表，可作參考：

言語治療 Speech Therapy(ST)

職業治療 Occupation Theraphy(OT)

物理治療 Physiotherapy(PT)

幼兒導師訓練 Early childhood tutor training

實證為本 Evidence-Based

知情解意 SCERTS Model

結構化教學法 TEACCH

地板時間 Floor Time/ Developmental Individual Difference Relationship-base(DIR)

人際關係發展介入法 Relationship Development Interventio(RDI)

心智解讀訓練 Theory of Mind

社交故事 Social story

應用行為分析 Applied Behavior Analysis(ABA)

感覺統合訓練 Sensory Integration

遊戲治療 Play Theraphy

虛擬實境訓練 Virtual Reality(VR)

積木遊戲治療 Lego Based theraphy(LBT)

藝術治療 Art Theraphy

音樂治療 Music Theraphy

園藝治療 Horticultural Theraphy

聽樂治療 Therapeutic Listening

顱底骨治療 (顱脊治療) Craniosacral Theraphy

針灸 Acupuncture

2.5 甚麼是「密集式訓練」？

很多時會聽到照顧者花大量時間去猜想或提出疑問，如什麼是密集式訓練？怎樣才算密集？一對一個別訓練？小組訓練？半天課還是全天課？一星期要多少天，每次幾小時？要上學又如何訓練？過份密集小朋友會累嗎？凡此總總，也令照顧者勞心費神。

具體來說，坊間很多機構也會提供相關的密集式訓練，訓練時間可以由一星期一天至一星期五天不等，數小時、半天或全日制，訓練者均為有經驗的專業人士、例如言語治療師、職業治療師或幼兒導師等，讓兒童可以更緊密地透過這些持續性的、針對性及系統性的定期訓練而學習不同技能。

但如何代表持續性、針對性和系統性？每位孩子也是獨一無二的、來自不同家庭、有不同背景、性格亦各有不同。孩子的問題出自哪方面？自理能力？感覺統合？溝通？社交？還是情緒方面？說來複雜，如何可以用同一套「密集式訓練」來配合不同性格的孩子？

就像配眼鏡一樣：近視眼鏡不適合有散光的人戴上，散光眼鏡也不適合有老花的人帶上；如果戴上不合適度數的眼鏡，不論戴多久，眼睛看東西也不會顯得清楚；簡單來說，便是要對症下藥，找出一副適合自己的眼鏡。

筆者非常認同有特殊需要的孩子需要密集式訓練，但訓練員除了專業人士，每位父母或照顧者也可以成為一位訓練員，父母可以先從專業人士當中學習一些技能或竅門，然後掌握孩子的性格，找出他們需要幫助的地方，強勢及弱勢在於哪裏？弱項是與生俱來的？還是後天環境因素而形成的？當找出孩子的問題所在，然後針對性的進行訓練，有系統的持續進行，審視進度，設定短期、中期及長期目標，掌握黃金訓練期，以小步子方式教導，把訓練元素融入孩子的日常生活上，讓訓練成為家居密集式訓練。

2.6 甚麼是「家居訓練」？

家居訓練項目，固之然在家中進行，可以密集式進行，亦可以有不同專業人士上門為孩子進行，好處是不用舟車勞動，節省時間；因為不用外出，更容易避開一些不必要的行為問題，當然訓練費用也亦相對昂貴。

這個年代有很多出外工作的職業父母，每天忙工作，回家還要照顧孩子的起居飲食，做功課、溫習、課外活動、親子時間等已蒸發了每天絕大部分的時間，有些父母可能連自己的休息時間也不足夠，在這情況下，豈能有空餘時間做得更多？所以不難發現，很多家庭需要聘請保姆代為照顧孩子，帶孩子上不同的訓練，以換取更多親子時間。

作為父母或照顧者，是否又想過在家居訓練時，把自己化身為訓練員？做孩子的專家？可能很多父母也覺得這是天方夜譚。現實情況是，誰最了解孩子的脾性、性格？誰更明白孩子的需要？當然是朝夕相對的父母吧！

親自訓練孩子，可行嗎？

絕對可行，只要從新的方向及角度運用合宜的訓練方式及技巧，汲取各方面專家的訓練策略，再為孩子度身訂造適合他們性格的訓練，融入日常生活中，讓孩子自然地進行「父母獨家式家居訓練」，既可節省時間，亦可增加對孩子的了解，孩子亦不會覺得「又要上堂」。訓練所付出的，就是獨有及無價的親子時間，還有蘊藏滿滿的愛。

1,2,3!

第三章

有甚麼辦法解決孩子的社交溝通

人與人之間需要互動和溝通，這十分重要，在生活上不可或缺，這種能力除了能讓人與人之間傳達訊息之外，亦能減少衝突及矛盾。

如發現孩子欠缺眼神接觸、對外界事物不感興趣，沒有與別人交往的傾向、不擅長展開對話、不會主動參與遊戲、活動，或與別人分享事物；情感方面，如有不適當的情感表現，較難從面部表情推敲他們的情緒狀態等，便應作進一步了解。如能及早為「社交溝通」奠定基礎，日後便能更有效地培育孩子。

互動在社交溝通中佔著重要的角色，是一個不能忽略的環節，無論在任何場合，也須要與不同層面的人透過互動了解彼此的需要。互動可以拉近人與人之間的距離；相反，缺乏互動，不但影響溝通，亦會因缺乏了解而可能引發彼此之間的摩擦。

3.1 孩子是否有足夠的互動能力？

以下是一般 2 至 3 歲孩子也能做到的「社交溝通」能力，我們可以透過以下項目來辨識孩子是否有足夠的互動能力：

你的孩子：

1. 別人稱呼時是否懂得立刻回應。

2. 看到特別的事物目光會追隨。

3. 看見喜歡的玩具或新奇的事物會用言語或非言語（手勢或目光）表達。

3.1 孩子是否有足夠的互動能力？（續）

4. 肚餓時會指向喜歡的食物並向成年人表達需要。

5. 對不喜歡吃的食物會搖頭。

6. 眼睛能順著別人手指指向的方向。

7. 懂得運用眼神向別人表示自己的需要。

3.1 孩子是否有足夠的互動能力？（續）

8. 眼睛會注視別人，讓別人察覺自己。

9. 自己喜歡的玩具或看見有趣的事物主動與人分享或展示自己的成果。

10. 會留意別人的反應，例如遊戲完結時，大家也會離開座位代表遊戲已結束。

11. 說話時有焦點，能把話題持續，不會總是說自己想講的說話。

3.1 孩子是否有足夠的互動能力？(續)

12. 能聆聽一項或多於一項的指令。例如：把一個藍色汽球放進籃子裏(一步驟指令)，把一個藍色汽球和一個紅色汽球放進籃子裏(兩步驟指令)。

13. 想外出時會否拉着照顧者的手開門。

14. 是否懂得模仿成年人的發聲及動作。

15. 能自覺地與別人分享自己的興趣。

3.1 孩子是否有足夠的互動能力？（續）

訓練元素及家居配合訓練方式：

或許孩子需要作進一步評估，但在父母的層面上，也可以同步地點對點為孩子稍遜的地方做相應的家居訓練。訓練時建議融入生活化的方式，讓孩子更能投入。

我們嘗試因應上述第一個例子為孩子建立相關的家居訓練：

例子 1：
當別人稱呼孩子時，孩子沒有回應。

建議家居訓練：

在不同環境和場合，例如在家中，父母便可以互相配合，不論吃飯時、遊戲、洗澡、做功課等不同時間，可多稱呼孩子的名字，提升別人稱呼時聆聽的敏感度。如孩子是弟弟，可稱呼他的全名、別名、英文姓名，弟弟、BB、乖仔、仔仔等讓他感受到別人在稱呼他。如帶孩子外出時，不要錯失和別人打招呼的機會，例如和管理員說早晨、晚安；在餐廳時和侍應說謝謝、多營造機會讓孩子與別人溝通和對話。

每位孩子也是獨一無二的，性格也不同。如孩子害羞，父母又如何配合訓練？這時候便要想想孩子的實際能力，訓練時不能太急進，可嘗試小步子教導小朋友，例如點頭、揮手等，也是不錯的起步，當他們習慣後才逐步提升他們的能力。

相信大家也同意，訓練孩子的起步時是最為困難，但當孩子進入了起步點，便會發現一次比一次容易。重點是，越早訓練，越有效果。父母何不考慮盡早為孩子建立和累積一些好行為，讓這些好行為成為孩子性格的一部分。

3.2 孩子常犯規，很困擾！

共同認可及遵守行為的標準等同於社會規範，大眾也會明白社會規範的意思是在社會裏，大家有共識認為是對的規則、潛藏的規則、一些機構或團體所制定的規則，甚或一些風俗習慣、宗教信仰等。

社會規範即是一些累積下來有共同標準的規則，例如不隨地拋垃圾、排隊、入圖書館會安靜、入戲院睇戲不會大聲談話、公園內不會採摘花朵、上茶樓品茶把茶蓋揭起便會有人斟水、上扶手電梯會靠右企、進入一些會所要出示會所證、團體或機構制定的上、下班時間、午膳時間等，都是一些大家已有共識共同認為要遵守的規則。

如發現孩子已踏入幼稚園甚至乎已踏進小學仍未懂得遵守規則，例如搭校車要排隊、玩遊戲要輪候、在圖書館要安靜、上課時說話要舉手、在課堂時不會無故出位、喧譁大叫、在走廊不會亂跑等；如老師提及孩子有以上的行為情況，便值得留意，多關注孩子在校內的情況，先找出原因，進行教導，如情況持續亦沒有改善，便可作下一步考慮，例如聯絡學校特殊教育統籌主任、社工或生命教育組老師等尋求支援，從多方面取得意見後再作決定。

除了不懂得遵守日常的規則外，孩子的自理能力技巧較弱，也有機會未能符合社會大眾的期望、衣著看起來可能會較為混亂、個人物品擺放凌亂、可能會無意識的把垃圾在櫃桶堆積而不自知，讓人無所適從。

禮儀方面，可能不明白與人應保持適當的距離、可能會未看清楚而冒然衝入私人地方、因感官的敏感度而觸碰別人、如在公眾場所挖鼻子、在肅靜的環境下大聲說話等。ASD 孩子會因為某種缺失而導致以上情景發生，在理解上亦有一定的困難，父母必需要耐心地解釋，而孩子方面亦需要重複練習，才能逐步達致目標。

以下一些由家長提供的事件例子供大家參考：

事件一：喜愛跑車的德仔

德仔很喜歡跑車，喜歡研究不同種類的跑車，也特別喜歡名貴跑車，因為很多名貴的跑車也有嶄新的外形，他能區別出不同型號和性能，速度和馬力。一天在新聞報道中，有兩架名貴跑車相撞，其中一名司機重傷被送往醫院進行急救。德仔看完新聞報導後，七情上面的跟媽媽媽說覺得很惋惜，媽媽聽後和德仔延續話題，準備告訴他交通意外帶來傷亡的後果；但德仔原來惋惜的是兩架跑車被毀壞了，會浪費很多金錢維修，維修後的跑車亦已不能像意外前一般奔馳 ...... 媽媽聽後無言以對，亦有機會誤會孩子沒甚同情心。

訓練項目 : 社交故事、想法解讀

訓練元素及家居配合訓練方式：

事件一中喜愛跑車的德仔不是沒有同情心，他只是集中自己的興趣和其他人

3.2 孩子常犯規，很困擾！（續）

討論而忽略了事件中主要部分，在旁人眼中便很容易會被誤會，這可能因為是「想法解讀缺失」或「中心聚合能力」較弱，即表示未能從別人的角度推敲事件中的核心背後重點。

事件二：害怕太逼真的感覺

媽媽每晚也會為六歲的堅仔於睡覺前說故事，而堅仔所聽的故事也是童話故事。有一天學校老師告訴媽媽堅仔情緒失控了，原來是在學校聽了一些故事，故事內容是他從沒聽過的，大致上是鱷魚把故事中的主角咬了一口，堅仔嚇得不受控制，雙手蓋著耳朵，跑出教室，走到社工的輔導室。

訓練項目：社交故事、想法解讀

事件二中，媽媽經過與社工的溝通，堅仔覺得鱷魚會咬他，他很害怕，所以要逃走。社工描述堅仔透過一問一答的形式回應，回應的過程當中身體是震抖的，社工及後致電家長，經過雙方詳談，大家得到共識，建議家長在家方面可以從故事中逐步代入一些真實的故事，圖畫故事也可以逐步用一些真實圖片代替，讓孩子能循序漸進式的代入真實的世界。

事件三：固執性行為 vs 選擇性行為

樂樂到主題樂園玩耍，到主題樂園輪候需時，樂樂在每一個遊戲也要選擇性地坐某種車卡，例如過山車要坐第一卡，室內遊戲可以坐的也非要選擇特定的位置不可。樂樂小時候，每次外出也要乘搭指定的電梯，行指定的路線，媽媽已習以為常，只是到主題樂園玩耍，輪候時間已經很長，還要再選擇坐特別車卡，便會浪費了時間玩其他遊戲。

訓練項目：社交故事、想法解讀

事件三中的樂樂已經稍為長大，媽媽後來問樂樂為什麼要選擇特別的車卡坐，樂樂跟媽媽說原來特別的車卡是可以把展館內的所有情境看一遍，其他車卡是不能做到的。孩子有時選擇性的行為不無道理，也許是我們未能察覺到他們所察覺到的。所以我們也可以反省，也可以從孩子的內心世界方向多想一想，這是他的固執行為，還是選擇性行為？前者是固執，後者是有原因的選擇。

家居配合

如何才能解決以上的問題，需要知道孩子的問題所在，以上例子能表現出孩子在一些主要事件中未能拿捏當中重要部分，或未能從不同情境、故事或圖像中理解重點，我們稱為「中心聚合」能力。家居配合最簡單直接的方法是讓孩子多從生活中「累積經驗」，讓他們感受不同事件中帶來的結果。父母應該是最了解孩子的性格，很多時也能預視一些突發性事情而令孩子有什麼不同的情緒反應，所以父母不妨把每天的日程預先記錄起來，「預告」孩子可能會面對的問題，當遇到有問題時可以有什麼解決的方法，也順道可以訓練孩子的解難能力。

3.3 為何孩子總不明白別人的想法？

孩子不明白別人的想法或是因為「想法解讀缺失」，意思是沒有足夠能力了解他人內心的想法、不能理解他人的感受，不懂得站在別人的角度來看同一件事情。在一般情況下，孩子能通過遊戲及各種社交場合，釋出善意結交朋友，他們會親近對方，一起追逐及玩耍。然而 ASD 孩子在與人相處時，會有機會不太懂得與其他孩童交流和給予恰當的回應。

參與團體活動時，從表面看來沒有與他人合作的概念。例如：老師安排同學分組玩遊戲， 他好像不懂得因應環境而改變自己慣常的行為或進入討論話題，很多時候不是沉醉在自己的世界，便是忙著着探索自己的興趣，或是默默地坐在一旁發呆、沉思。而有一些性格則剛剛相反，他們會很想結交朋友，也喜歡主動接觸別人，說話內容很可能不符合當時環境的標準，例如說話內容顯得幼稚，或未能拿捏朋輩關係中的共同語言，有時會過度熱情或過度冷漠，讓別人覺得奇怪，顯得與一般孩童格格不入，讓別人難以與他建立關係、發展友誼。

有些父母可能會認為孩子不懂什麼是同理心，不容易理解他人的想法，或感受對方的情緒。例如：當一起玩耍、一起上學的同學跌倒，當對方臉露痛苦的表情卻不懂得主動關心對方，無動於衷，讓人覺得冷漠。箇中原因是因孩子缺乏理解別人的想法，不懂得觀察別人的眉頭眼額面、面部表情和肢體語言，更不會推測別人當下的感受、想法及期望，往往只能理解說話表面上的意思，較難明白深層次的語言結構，例如一些隱喻的表達方式或一些有隱藏意思的笑話，這讓

ASD 的孩子在人際關係上處處碰釘，結交朋友方面，便有機會遇上重重困難，筆者也遇見過一些例子：

事件一：

在診所中一位四歲 ASD 孩子看見一位成年人，該位成年人因眼部有疾病而眼球較常人稍為突出，孩子看見他，脫口直接稱謂這位成年人為「Big eye」，成年人裝扮聽不到，孩子父母顯得甚為尷尬。

事件二：

因為媽媽帶了五歲 ASD 孩子出外吃午膳，率直的孩子看見坐在隔離枱的老婆婆在午膳時展開對話：

孩子：婆婆午安，你在吃什麼？

婆婆 (笑面迎人的回應）：你很乖，懂得關心老人家。

幾個回合的對話後 ......

孩子：婆婆你多少歲？

老婆婆：你猜我多少歲？

孩子：60 歲

老婆婆 (開懷大笑)：我已七十多歲了！

孩子：原來你這麼老了

老婆婆：對的，你看我不像七十多歲呢。

3.3 為何孩子總不明白別人的想法？（續）

孩子：婆婆，你這麼老，什麼時候會死？

老婆婆 (面色一沉)，沒有再回應孩子的提問，繼續自己午膳。

事件三：一位工人姐姐帶著一位五歲 ASD 孩子放學回家期間遇見一班不認識的同鄉姐姐，孩子看見不但沒有害羞，還主動搭訕，對著她們說：Hi Ladies ！姐姐聽後覺得孩子很可愛。大家不妨換一個角度，如一位 30 歲 ASD 成年人，同樣地向她們搭訕，大家猜猜她們會覺得怎樣？

訓練元素及家居配合訓練方式：

以上三個例子，均反映出他們說話太直接，也不容易理解別人的想法，亦即是說，不懂得站在對方的角度去推敲別人的想法，沒法辨識別人的情緒而作出相應的反應，這便是坊間所說的「想法解讀缺失」。

想法解讀缺失可以有什麼後果？有些孩子未能掌握在適當的場合有適切的回應，結局可能會令場面尷尬。如能從小開始訓練，細心地為孩子解釋這些說話會讓別人有什麼感受，便可以免卻很多不必要的尷尬場面，不然長大後才察覺，屆時性格已定型，年齡越大，訓練的難度也會相應提高。市面上有一些「心智解讀」的繪本，這類型的書籍內容主要圍繞經常發生在兒童身上的不同情境，父母可以參考繪本內的故事情節，讓孩子可以預先透過其內容累積不同情境的經驗，學習別人的面部表情或身體語言，提升解讀別人內心世界的能力。

3.4 孩子的想像力不見了？

假想性遊戲

孩童對身邊的事物總是充滿好奇及幻想，在玩玩具時能用不同的方式，且喜歡模仿照顧者的角色、動作及行為，例如：他們十分喜歡玩煮飯仔遊戲，假扮照顧公仔等想像遊戲。然而，ASD 孩子於幼兒期在日常生活上，他們可能會用獨特的方式去玩玩具，如將車排直線、排顏色，只轉動車的輪子，即使家長示範了玩具主要的玩法，他們也不會跟從，也不會模仿，一般稱為「假想力稍遜」。

部分 ASD 孩子不懂得模仿照顧者的動作、行為。對布娃娃、木偶、等公仔不感興趣，更不會玩扮煮飯仔遊戲，即使嘗試與他們玩假想像、躲貓貓、扮餵吃東西，他們也缺乏興致，甚至走開，不給予回應。

也有部分的 ASD 孩童能局限地玩假想性遊戲，但他們大多數是固定、重複地玩同一個想像遊戲，沒有太大興趣為遊戲添加其他項目或與別人互動地玩該遊戲。

透過觀察模仿身邊人的行為對部分 ASD 孩子是一種挑戰，要提升該能力，便需要給予正確的教導方式及培訓才能達致果效。

3.4 孩子的想像力不見了？（續）

看看以下例子：

事件例子（一）：

在一年級的課堂上，老師選了一個題目：不要亂拋垃圾。老師挑選一位同學，與他進行角色扮演，老師借了同學的書包扮演亂拋垃圾的同學，另一位同學扮演勸告對方應把垃圾放回垃圾桶內的情景。小暉因為不理解老師正在扮演同學而在座位中脫口告訴老師，「你並不是同學，你是老師，書包不是你的」。

訓練元素及家居配合訓練方式：

事件一中小暉的情況是，未能推敲角色扮演背後真正的意思，不太了解假設性的話劇，亦不能接受突如其來的改變。在他眼中，老師便是老師，難以掌握為什麼老師要化身為一位學生。在這情況父母可以如何幫助小暉？坊間有一種故事書名為「社交故事」，頁數和字數也不多，因為避免分散孩子的注意力而顏色單調。社交故事是針對個別事件而編寫，讓 ASD 小朋友可以透過故事內容明白一些與因果有關的情景；亦因為他們較難類化所學，所以父母可以為每一件事情為孩子度身編寫獨有的「社交故事」，累積地記錄下來，在需要時重複教導孩子。縱使坊間有多種社交故事書，但在每一個家庭，每一天發生在每一位孩子身上的事情千變萬化，筆者建議父母可以在坊間或一些非牟利機構購入少量的社交故事書，參考其結構模式，在家中只需要用筆和紙，簡單地製作最貼身孩子的社交故事書或口述社交故事。所以，最佳編寫員非父母莫屬了。

事件例子（二）：

一位五年級 ASD 男同學樂樂在考中文作文時，已超過一半考試時間仍未能寫出一個字，老師提醒他必需要作答，他跟老師說，作文的題目是從沒有曾發生在他身上，他覺得很困難，老師告訴他可以幻想出來，考試時間完結時，他已完成作文，也達到字數的要求。批改文章的老師最後道出他作文的內容，內容大致是：我實在寫不出未曾發生在我身上的事情，我不知道也不明白為什麼老師要逼我寫，已發生的事情我不想寫，我唯有在這份作文題目上把字數填滿……

訓練元素及家居配合訓練方式：

事件二中的樂樂，父母又可以作出什麼對應？事件中可以分為兩個方向：第一，作文題目從沒有發生在樂樂身上，做法很簡單，四個字「放眼世界」，父母不妨每天帶孩子到不同地方，從衣食住行、吃喝玩樂中探索不同事物，運用文字或錄像記錄下來，累積孩子的經驗，活學活用。

第二，已發生的事情孩子不想寫，該如何辦？這可能是關乎於孩子有固執的想法，亦有機會他們不太喜歡某種語言。在這情況，不妨與孩子作出討論，例如是否可以用其他語言表達？例子中樂樂媽媽的處理方法是，沒有強迫樂樂作文，因為他實在太抗拒了，但因為樂樂在其他科目的成績非常不錯，雖然作文科不合格，但卻考出全級十名。到樂樂中學畢業時，媽媽把他送到澳洲升學，不用再作文，最後大學學成歸來。

3.5 我的孩子喜歡獨處？

一般大眾直覺上會認為部分 ASD 孩子比較文靜、喜愛獨處。事實上，部分也很活潑，亦渴望有朋友。

他們都有自己特別感興趣的事物，但較容易會沉醉於當中，他們會不自覺地花大量時間在自己的興趣上，在與人相處或溝通時，可能會離不開自己有興趣的話題，例如巴士有什麼型號、地鐵站有幾多個站、恐龍有什麼種類，而他們很深入地了解這些興趣。在與人聊天時，他們未能從對方的面部表情辨識對方的感受，忽略了對方是否想把他喜歡的話題延續。可能會說些一般孩子不明白、未接觸過的內容，一般孩童根本不了解，以致不能加入他們的話題，對該話題沒有興趣。因此，在聊天時，他們較難在話題及交流上取得共識。

不懂開展話題

有些 ASD 兒童表示自己沒有朋友，很想與某些人做朋友。但卻遲遲沒有行動，只留在自己的座位上呆坐。主要原因是這些孩童缺乏與人溝通的技巧和方法，他們不懂得開展話題，簡單如問對方今天吃了什麼、你喜歡什麼東西、邀請同學一齊去玩。即使開展了一個話題，他們也突然轉移至另一個話題，他們頻密轉話題，當中沒有轉移話題的連接詞或過度句，讓人感到很奇怪。在交談時，孩童可能會突然記起有些事情想做，但他們沒有向對方交代的覺悟，忽略了需要說再見或下次再聊，可能會直接離開現場，讓別人感到莫名其妙，也許會誤會他們沒禮貌，較難找出共同話題，久而久之，孩童單獨一人，被誤為喜歡獨處。

亦有些極端例子，有些 ASD 孩童，因為對方跟自己笑或哈哈大笑，便認為對方已是朋友。例如可能因不善於表達或詞不達意時令對方失笑，ASD 孩童可能會認為自己的表達令人高興，很受歡迎，接下來的便會重複跟對方說相同的「笑話」。正所謂一樣米養百樣人，有些人可能覺得他們很可愛，但同樣地有些人剛剛相反，會覺得很可笑，甚至不喜歡。

訓練元素及家居配合訓練方式：

父母除了可以帶孩子參加一些社交小組訓練或遊戲治療，也非常鼓勵父母與孩子一起參與，父母可以學習當中的技巧，亦可以從小組中看到孩子的強弱項，把學到的方法，在家中讓孩子學習。如果孩子不懂介入玩遊戲，不妨可以為孩子建立多一些社交活動項目，例如去公園與其他小朋友一起玩耍，找幾位志同道合的父母讓孩子一起玩耍，豐富孩子的經驗。

此外，父母可以多留意孩子的情緒變化，詢問孩子在學校的情況，避免問一些假設性的問題，例如：「係咪有人蝦你？」，父母可以嘗試使用另一個角度，例如：「今天學校玩了什麼遊戲？」，「是否有些有趣的事情發生？」，引導孩子自發性地道出學校情況。有些孩子耐性不足，所以在此建議父母要找適當的時間詢問，適當的時間不代表只是父母空閒的時間，也要因應適當的時間、地點、孩子當時的情緒，詢問時也可以注意聲線，多留意孩子的反應，勿讓孩子覺得有壓迫感。

3.6 孩子情緒很難捉摸？

ASD 孩子情緒會突然爆發？

有一些父母表示孩子曾被診斷出有自閉症症狀，在情緒調控方面較難掌握。事實上，部分 ASD 的孩子在一般情況下情緒方面均顯得平靜，但可能他們會因為一些不知明的誘因，令其情緒失控、爆怒，這二極的反應，會讓父母無所適從。孩子在嬰兒期至兒童期，父母可能會發現孩子在遇見挫折、困難或受傷時，會有不恰當的情緒表達，他們甚少向家長尋求協助，更不會以面部表情或使用情緒詞彙讓照顧者、身邊的人明白他的感受。當孩子負面情緒累積至一定程度，他們便會把抑壓在內心的情緒爆發出來。

當導火線事件發生時，孩子的情緒可以沒有程度上之分別，一有情緒便達致火山爆發的高峰。原因是可能有些照顧者只聚焦在孩子當刻的反應，卻忽略了孩子當天或最近經歷了什麼挫折。

事件(一)：

數學功課

就讀二年級同學楠楠，報告上顯示他有自閉症徵狀，未被確診自閉症，性格較為自我中心。一天在放學後回到家中，如常打開數學練習做功課，當父母要求他重新計算時，他突然拿起作業撕爛，將枱面的東西推落地。父母會認為他是因為不懂得計算數學題而發脾氣，而忽略了他可能當天經歷了不愉快的事情，例如，他被同學取笑；他因固執性行為被老師訓示等等與計數沒有直接關係的原因，楠楠可能累積了很多不愉快的經歷，他不像一般孩童，一回家便興致勃勃向父母分享當天發生的事情，父母對於他現出來的情緒行為無計可施，他們亦道出，孩子在這方面的情緒表現在近年爆發得較以往頻密，而父母採取的方法是，待孩子的情緒平復後便不再觸碰事件，免得孩子又再哭鬧。

事件（二）：

足球比賽

就讀四年級的凱誠在足球比賽中被小聰無意中碰撞，觸發了凱誠的情緒並一發不可收拾，在整個足球比賽中，凱誠一直追著小聰，因為他覺得小聰應該為被他撞痛了而要跟他道歉，小聰避無可避，一方面要避開凱誠的追逐，另一方面亦要繼續比賽，在電光火石間，情緒亦一觸即發，忍不住大聲喝罵凱誠，並向他吐口水。這突如其來的情況，令凱誠由原本的憤怒，演變成為驚恐，嚇得面也發青，逃走入教員室，卻不懂得向老師說出整件事的過程。

訓練項目：情緒輔導、恰當的情緒表達

訓練元素及家居配合訓練方式：

在事件一和事件二中，牽涉了三位男同學，三位同學也分別表現出不同的情緒，爆發的情緒方式亦各有不同。如父母希望幫助孩子面對處理方法，建議不要集中處理浮面的行為，可以先細心了解爆發情緒的來源。簡單來說，嬰孩哭鬧，

3.6 孩子情緒很難捉摸？（續）

原因可以是肚子餓、生病、想成年人抱抱、或想睡覺。

事件一中的楠楠，父母在當刻認為孩子因不想重複計數而發脾氣，這可能是浮面的行為，而不是問題的根本；如再細心了解，可以逐步追蹤孩子發脾氣的原因，原因可以有很多，是否在校給老師 / 同學責罵？是否受到欺凌？是否生病？餓了？他亦可能會運用駝鳥政策，曾發生過的傷心遭遇或不開心事件，認為不提及便不會發生。當父母責罵的時候，一些未被治癒的情緒便會很容易再度爆發。父母可以先讓孩子冷靜，在一個舒適的環境下，找出適當時間，看看是否能從孩子的回應中找出一些契機。

在事件二足球比賽中的小聰，他是一位患有過度活躍症的男孩，在比賽當中，他有嘗試避開凱誠，由於凱誠鍥而不捨的追逐，而導致情緒爆發，大聲喝罵凱誠，並向對方吐口水；如同樣事件發生在一般同齡男孩身上，在碰撞到別人時，可能只是通過一個手勢道歉，事件可以很快告一段落。我們可以如何幫助小聰？有一種訓練方式，「執行技巧訓練」，就是可以從這訓練當中讓孩子習慣把每樣事情從循序漸進式的方法完成，避免一些衝動行為。例如紅綠燈，中間需要有黃燈；如用顏色來形容，例如黑色和白色，便要讓孩子明白，可以教導孩子，有些事情不只是非黑即白，兩種顏色之間亦包括了很多層次的灰色，要學懂凡事多面睇。除此，亦可以預先教導孩子一些調節情緒的方法，一起討論不同方法來面對情緒，例如可以選擇離開現場、洗面、深呼吸、睡覺等，亦可以選擇做一些他平日喜歡的活動，繪畫、遊戲、彈琴；同時亦可以與孩子一起訂立一些規則，例如當有情緒的時候應避免做的事情，例如不要傷害別人、自己，不破壞物件等。也可以直接把所發生的事件分拆為小部分，如足球比賽事件，給孩子解釋。

例如：

1. 向孩子解釋碰撞到別人後，可以的做法。
2. 選擇合適的時間和地點向對方道歉
3. 如對方接受道歉，事件大致完結。
4. 如對方不接受道歉，可向信任的成年人求助。
5. 選擇合適的時間，與孩子一起反思事件。
6. 告訴孩子向別人吐口水，別人的感受和旁觀者的看法。
7. 讓孩子明白不同的的做法有什麼不同的結果。

足球比賽中的另一位孩子凱誠，是一位有自閉症徵狀的男孩子，在他的想法中，別人碰撞他，便需要道歉。如果角色逆轉，他是碰撞人的那位，有可能他也是會鍥而不捨地追著那人，希望向那人道歉。但事件中他期望的結局與實際情況有極大出入，得不到別人的道歉，還被同學喝罵及吐口水。要教導他，筆者建議可以從兩方面著手。第一方面，凱誠的「中心聚合」能力較弱，代表他較難判斷或拿捏事件中的中心要點，例如足球比賽的中心要點是要有團隊精神贏出球賽，在這情況孩子便要多接受「心智解讀」訓練和「社交故事」訓練。社交故事訓練

3.6 孩子情緒很難捉摸？（續）

已在較前的章節提及，而「心智解讀」簡單來說，就是透過訓練令孩子明白在不同場合或不同情境時能推敲對方的想法，不單於表面的語句，而是學習拿捏從語句中較深層次的想法。第二方面要處理的，便是要透過訓練，或父母的提醒、鼓勵、累積經驗，增加凱誠的自尊感，要讓他明白，例如被吐口水是不被尊重的行為，如遇上相關的情況，應鼓勵孩子向父母反映，讓父母可以進一步與孩子一起解決問題。

平日父母可以多教導孩子認識一些表達情緒的詞彙，也可以從日常生活中讓孩子真實體驗不同面部表情如何代表不同的情緒，學習辨識別人的目光、明白不同的聲量帶來不同的效果、說話時速度的快慢分別之處，從而學習並提升未來當面對問題時的處理方法。

3.7 孩子總是沒有眼神接觸？

眼神交流在溝通的層面上站著一個重要的角色，我們可以憑一個簡單的眼神與別人交流、知道對方的需要。但對於 ASD 的小朋友來說，眼神接觸並不是一件容易的事，原因是什麼？對於眼睛不願注視別人，外間有很多說法，可能是害羞、害怕、焦慮正視別人的眼神、亦有可能是未能理解眼神交流的重要性，也有可能是眼球肌肉協調上的問題、甚或是因為聽覺上的障礙而影響。

我們很容易能察覺嬰兒時期的孩子會追蹤父母的眼神或身影，例如父母出入房間，取物件等，嬰兒也會留意著成年人正在進行的活動。父母跟孩子用一條毛巾玩「躲貓貓」遊戲，一般約六個月的孩子已懂得笑得不停。

缺乏眼神接觸是典型的 ASD 症狀之一，倘若發現孩子並沒有追蹤父母的眼神，呼喚也沒什反應、眼睛不會正視別人，眼神恍惚、像思考問題、對於父母玩「躲貓貓」這類的遊戲也沒什反應時，這便應當留意孩子的發展，如持續沒有進步，便需進一步徵詢專業人士的意見；例如可以到健康院檢查時向姑娘提出，或向兒科醫生查詢。

3.7 孩子總是沒有眼神接觸？（續）

缺乏眼神交流能直接影響社交，在日常生活中，可以製造多一些需要有眼神交流的情景或設計一些遊戲，例如：

遊戲１：望住「他」遊戲

訓練工具：目標人物 / 目標物件

先找出一個目標人物，例如：「媽媽」，然後由另一位參與者帶領示範，並說出目標人物的「名稱」。

例子：１２３，望住「媽媽」，帶領者運用視覺策略，邊說出媽媽，然後一起用眼睛順勢看著媽媽，讓孩子更清晰清楚遊戲規則。帶領者可以示範數次，直至孩子懂得玩法。當孩子已懂得遊戲規則，更可以把目標人物替代，也可以隨心意把日常生活物件作為「目標」，引起孩子的專注，發揮父母的小宇宙，把一個簡單的指令訓練變為千變萬化的遊戲。

遊戲２：「眼仔碌碌」

訓練工具：一支飲管及一塊孩子最喜愛的卡通人物貼紙。

例如貓貓貼紙，把貼紙貼在飲管的頂部，拿起飲管並把飲管放在孩子眼前的上方，然後詢問孩子「貓貓喺邊度」？停留三至五秒，然後把飲管放在孩子眼前的左方、右方及下方，運用孩子喜歡的卡通人物，引起他們的興趣，這遊戲不但可讓孩子眼睛注視不同事物，亦可以順道訓練眼球肌肉張力。

父母可以多察覺孩子缺乏眼神接觸的原因，如是肌肉問題，設計遊戲方面便可以著重伸展眼球肌肉為主，例如望向不同方向，多看風景；如是害怕望向別人眼神，設計遊戲方面可以讓孩子循序漸，逐步適應，以建立自信為主；如專注力問題，便需要設計一些簡單及多元化遊戲為佳。

曾經訪問一位於小時候確診 ASD 的青少年 Roy，他小時候父母安排他接受不同形式的密集訓練。他的父母形容 Roy 接受密集訓練前後的分別頗大，而他形容小時候的自己，即使聽得到別人呼喚他的名字，但他就是愛選擇當作聽不到，詢問他原因時，他的答案是，有時候是不想回應、有時候因為腦中正在想著其他東西、有時候因為覺得很煩厭扮作聽不到。

筆者亦曾訪問一位做生意的商人潘先生，潘先生道出自己小時候很害怕正視別人的眼神，長大後，他透過經驗累積明白到對話時眼睛不望向別人是不禮貌的表現，每當與客人傾談前會用自我鼓勵的方式、甚至形容自己有時是用自我強迫的方法望向別人的眼神，直至現在，他正視別人的眼神時雖然感覺仍不太自在，但他明白到這是社交禮儀的一種需要，雖然不自在但仍會堅持。

所以，透過訓練，除了要到相關的訓練中心外，照顧者，甚或自己，也可以設計一套獨有的訓練方式，提升社交能力，融入多姿多彩的社交生活。

3.8 孩子遲遲不說話！

語言及非語言皆是溝通的重要橋樑，一般幼兒在兩至三歲時，便能運用單詞、少量短句表達自己的意願，即使未能用口語表達，也可以用手勢、眼神、表情等肢體語言的方式表達自己的需求及企圖。隨着年紀的增長，有些孩子漸漸能增加語言及非語言的能力，但卻有發音問題及有些異常的情況，且不懂得連續與人互動性的溝通，缺乏情緒感受的表達溝通。若照顧者發現孩子與一般幼兒有差異，發現孩子到適當說話年齡時仍不喜歡說話、沒有溝通的意欲、說話時的發音或聲調異常或沒有肢體語言，這時候我們便應關注孩子的實際情況，看看孩子是否有溝通及言語發展障礙的情況。

以下例子供父母參考：

1. 理解能力較弱，例如只能明白字面上的理解。
2. 孩子不會用語句來表達需要，也不會主動尋求成年人的幫助，他們的需要總是要照顧者猜想。
3. 聲調方面，有些孩子可能於談話或發聲時，整體不自覺地用較重的鼻音或聲線沙啞；部分孩子說話時、語調、速度、停頓位或音調方面也會與別不同。
4. 說話時聲線過大或太細、音調過高或過低。
5. 說話時聲線平板，沒有抑揚頓挫，較難捉摸當中的情感。
6. 未能掌握「句末助詞」例如：「你夠膽就嚟啦」，這五個字說話時速度可以有快與慢的分別，但當中的意思已經不一樣，但孩子卻未能掌握。
7. 別人稱呼他的名字時，可能因太專注自己的事物而未能每次回應，甚或沒有反應，令照顧者無所適從。
8. 未能分辨代名詞「你」、「我」、「他」的概念，經常混淆。
9. 「鸚鵡式對話」例如跟孩子說：「你肚餓嗎？」，孩子不會說出自己肚餓還是不肚餓，只會跟著說「你肚餓嗎？」。
10. 機械化的語句，例如會用「書面語」取代平日「口語」的說話方式。
11. 可能沒有語言能力，或可能原本發展良好，能說少量有意義的字詞，但突然停滯或喪失語言能力。
12. 雖然有說話能力，但與別人談話時，未能集中，較難與別人維持對話。
13. 會說出一些旁人可能會覺得奇怪的言語或詞彙。
14. 未能拿捏抽象性和幽默性的語言，假的也會當真。

3.8 孩子遲遲不說話！（續）

訓練元素及家居配合訓練方式：

家長應首先找出孩子在語言上較遜色的部分，例如：

1. 孩子在聽力方面是否正常？(聽力異常會影響說話能力)
2. 孩子是否語言發展遲緩(在語言的理解上或運用上的問題)
3. 孩子是否有特殊語言障礙？（例如是言語困難或表達上有困難？）
4. 說話聲線異常？（在音量、音調、語速，還是發音異常？）

當家長發現孩子在語言上有一些異常情況時，不要太花時間懷疑，有時候父母或旁觀者的直覺也有一定的價值性，有需要時應盡快找出孩子的根本問題，讓孩子盡快得到合適的治療或訓練。

建議父母與孩子一起上訓練課，多接收不同專業人士的意見，把各方面的意見整合，把學到的方法用在日常生活中。例如，如發現孩子是言語發展遲緩，言語治療師會運用一些字卡圖片或相關專業訓練工具和不用技巧訓練孩子，每次訓練時間約一星期一次或數次，一對一的訓練每次約 50 分鐘至 1 小時。而小組訓練每星期一次至數次，每次約 1.5 小時。若然父母一起參與，拿捏不同專業人士的方法，再細心一點，看看他們所用的訓練工具，在坊間是否有相似的或同類型的，父母自行購買，然後把所學到的類化並在家中繼續訓練，時間可長可短，把訓練元素融入日常生活中。

第四章

重覆及局限性的固執行為很煩惱？

部分 ASD 孩子在不同行為模式上會有很多重複情況，在興趣方面範圍也會顯得較為狹小（刻板重複行為及興趣狹窄），例如：

對玩具有特定的玩法，如反轉車子、只對玩具車的轆有興趣。

整齊排列東西

眼睛不會正視，眼睛會用斜視的角度去欣賞或觀看。

字詞的發音可能會與眾不同，會有一套自己的發音方式。

也可能會沉迷於一些聲音，或是重複某些句子。

執著平時的一些做法，如書、玩具一定要有指定擺放方式。

重覆及局限性的固執行為很煩惱？

當孩子隨著年紀的增長，其能力也隨之增加，思維也得以發展，但其思維可以仍局限於某一方面，有些孩子會將他們想法不斷重複說出來的，也可能會寫出來，有時可能在作業、試卷中發現重複地寫著一些的句子，繪畫一些很有系統圖案的圖畫。

有些孩子會沉迷對巴士、汽車、飛機、火箭、地鐵的路線圖、數字、動物如恐龍，特定的科目如天文、科學、中國歷史、太空，有濃厚興趣，作出深入的研究，注意力及集中的程度均顯得異常投入。

他們在日常生活上也不難發現有些一重複性及固定的行為，可能只喜歡固定的食物及進食方式、固定的位置、固定的用品，甚至固定的說話方式。 例如：只吃某些食物、餐桌上擺放的餐具必須要固定，或在進食時，必須先吃菜，再吃肉，最後才吃白飯。有些孩子堅持坐靠牆的位置、固定的椅子。有些則不斷重複問同一個有關數字的問題，並期望得到固定的答案。

在孩子還小或不懂得表達時，有些家長不了解這類孩子的執著，如未能滿足他們的要求，這便會較容易牽動了他們的情緒，也不容易被安撫，讓父母顯得愛莫能助。

也許大家不時在商場也曾經注意到，有些年齡較小的孩子平時一看見扶手電梯、升降機便雙眼發光，啟動了其好奇心，不顧一切向前衝，忘卻了安全，也忽略了照顧者的指令。若照顧者阻止，孩子便會掙扎，甚至哭鬧。這是固執性行為嗎？我的孩子是否有自閉症？

有些父母可能會懷疑這樣的孩子是否有自閉症傾向。若要判斷孩子是否有自閉症，還要考慮其他因素，如:孩子的年紀、持續固執性行為的時間，以及其他表徵。有些幼小的孩子因長時間沒有外出，對於電梯或升降機感到十分好奇及新鮮，短期的沉迷是可以理解。但若孩子隨著年紀長大，除了喜歡乘搭升降機外，還會研究不同型號的升降機及結構，如他們容易因一些環境上的轉變而顯得不安，或未能接受改變，要堅持自己的既定做法，那麼便要作進一步考慮。

常聽見有些父母會感到疑惑: 為什麼孩子會有這些刻板行為？ 自閉症孩童有刻板行為是因為能夠給他們帶來其他不一樣的感官的刺激，也讓他們舒緩焦慮不安的感覺。但也要留意，重覆性的刻板行為也可以因為適應問題能力為孩子帶來焦慮的情緒，有機會因為情況不像預期而煩躁不安。

重覆及局限性的固執行為很煩惱？

集中傾談自己有興趣的話題

ASD 孩子的說話能力可以是兩極，一些孩子會不愛溝通、不愛說話，甚至乎沒有說話能力；有一些則很愛說話，非常主動，但回應的答案可能不太恰當或會顯得異常，不時會把說話的焦點放在自己身上。

換句話來說，只對自己有興趣的話題會不停重複，而並非希望與別人結交朋友的興趣而溝通。說話時會顯得滔滔不絕，談話間不會理會對方的反應，也會說得眉飛色舞。不懂停頓，未能察覺自己的問題所在，亦未能解讀聆聽者的面部表情，是否願意繼續聆聽。例如說了一個令群眾開懷大笑的笑話，孩子可能會單向性的認為別人很喜歡聆聽這個笑話而不停重複對群眾說同一個笑話。也有一些孩子很可能會與朋輩溝通產生溝通障礙，但較容易與成年人相處，現實情況是因成年人包容能力較大，更容易遷就和帶領孩子而改變話題。

如能及早訓練和改善，隨著年齡長大，便較為容易與朋輩建立更好的社交關係。

第五章

認識感覺統合很重要！

「感覺統合」與 ASD 兒童息息相關，「感覺統合」，簡單來說是腦部接收外在的訊息而作出的不同反應，主要分為七種感覺：視覺、聽覺、味覺、嗅覺、觸覺、前庭平衡和本體感覺。「感覺統合」簡稱為「感統」，部分兒童會因為感覺統合障礙或失調而對以上七種不同的感覺有「過弱」或「過敏」反應而需要做感統訓練。

在日常生活中父母是否觀察到孩子在官感上有些特別的反應，例如可能會反抗刷牙、洗臉、洗澡、偏食、大小肌肉欠缺靈活，有時候也可能會喜歡亂衝亂撞、快速地自轉、搖晃身體或搖晃手掌、也許特別鍾情於捉摸特定物件，或在視覺上用某些角度探索物件，把自己沉醉於這些觀感刺激中，以上種種，可以說是屬於自我刺激重複性行為的一種，兒童可能會透過特定的自我刺激行為而不自覺地來用作舒緩自己或減低一些不同因素引起焦慮的感覺。

每個人的感官感覺也可以不同，但若然對感覺有過弱／過敏，或對感覺過度尋求刺激的現象，例如兒童可能會戀物、對冷和熱、痛楚等有過敏或過弱的情況，或出現自我傷害的行為，例如把頭撞向牆身等，這便有可能會影響兒童日後的生活。

我們可以從以下七感看看孩子當反應「過弱」或「過敏」的情況下可能會有的行為表徵，也可以藉著兒童的表徵來想像如何讓他們從訓練中取得平衡或為他們尋找當中的舒適點。

5.1 視覺

就以相機功能來解釋視覺認知能力，一般相機功能包括追蹤、聚焦、辨別色彩、距離、平面、立體等。如果對焦準確，便能影出一幅清晰的相片，相反，如未能對焦，影像就會變得模糊。如果孩子的視覺認知能力不穩定，便可能影響到其注意力，如注意力較弱，亦可能影響到書寫或抄寫能力，例如閱讀時容易跳行跳字，上課時也許會不專心看白板而專注看其他事物，又會常遺失東西例如文具、書本、水樽或外套等。手眼協調方面也會受到一定的影響。他們亦可能因為對空間、距離感較弱或較易容易迷路。

但如果一些孩子的視覺認知能力較強，可以說是較「敏感」，這些孩子便可能善於看地圖，掌握世界地圖不同國家的位置，精於尋找出路；有些孩童會一下子能準確地數出在魚缸內遊來游去的十多二十條魚的數目，在玩「找不同」的遊戲顯得非常突出、有些則可能在快速的時間內可以完成複雜的砌圖、有些於繪畫時能繪畫出複雜而層次分明的畫作，亦有些會記憶力甚佳，看書速度很快，看過的書籍會完全掌握內容，能一語道出當中的段落或頁數。

照顧者可以多讓孩子運用視覺來分析和辨別事物，嘗試運用視覺提示策略提升孩子對視覺訊息的反應，視覺提示代表運用一些可以展示用眼睛直接看到的方法，讓孩子可直接看到的事物及理解傳遞的內容，來補給專注力不足而帶來的影響；視覺提示可以運用圖片、圖卡、不同列表、程序表、實物、影片等，增加其視覺記憶。

5.2 聽覺

倘若發現孩子的聽覺較弱，當然先檢查是否聽力問題，如排除聽力問題，那孩子便可能對聲音的接收能力較弱，這些孩童可能需要父母重複呼喚或提醒才有反應，這些情況，建議父母及早讓孩童從小多接觸不同類型的聲音，增加其聽力的敏感度，值得關注是要盡快讓孩子提升對聲音的警覺性及對其有適當的反應，學習保護自己。

一些孩童對聲音過度敏感，反應異常，例如，當他們聽見剎車聲、救護車聲、雷聲、氣球的磨擦聲，他們便會表現到十分焦慮及不安，並捂耳朵。當這些刺激的聲音在可觸及之處，如老師的擴音機聲，在極端情況下，他們可能會衝上前把擴音機關掉。這些孩子由於聽覺過敏，未能接受大眾對一般聲音的容忍度，例如風筒發出的聲音、剪髮器的震動聲、花灑噴水的聲音等，會令他們煩躁不安，繼而影響他們會出現不同的反應。他們可能會害怕吹頭、逃避剪頭髮或不喜歡洗頭等。父母可以用一些方法調節他們對聲音的反應，例如選用一些音頻較低的風筒，調節風筒的風力強度、用剪刀代替剪髮器、花灑改換成水喉等，把他們對這些聲音的恐懼感減到最低。

5.3 味覺

食物的味道，一般分為甜、酸、苦、辣、鹹、鮮、腥、澀，等；食物的質感也種類繁多，軟、硬、粗、脆、幼、稠、稀、滑、乾、濕；食物的溫度由冰凍至暖到熱，也可分為不同冷熱度。凡此總總，能想像出相同的食物也可以製作出多不勝數的味道。

一些孩子會有偏吃的習慣，有些 ASD 孩子也不例外，很可能只鍾情於吃某幾種食物，或只喜歡吃特定人選所煮出來的食物，有時候他們只喜歡某些味道的食物，例如吃一些很辣的食物但卻沒有太大感覺。筆者曾遇見一位 ASD 孩子，性格乖巧，有偏吃習慣，最讓老師和媽媽頭痛的是學校午餐時間，每當打開午餐飯盒，飯是每粒吃，麵條是每條吃，原因是，他只愛吃媽媽煮的雞翼，每天需要飲營養奶粉，可想而知，偏吃的程度頗為嚴重。遇上這些情況，父母要明白改變孩子的口味不能一朝一夕能夠辦到；要理解，孩子每天長大，今天不愛吃的食物，明天、後天、或下一年有機會變得愛吃。另一位孩子，能喝豆漿，但最怕吃豆腐，當把豆腐送到入口時會有嘔吐的跡象，媽媽認為豆腐有其營養價值，花了不少時間為她尋找不同製作方法的豆腐，最後找到日本製的豆腐，成功踏出第一步。

所以父母可以留意，當孩子抗拒進食某些食物時，可以嘗試用不同的烹調方法，讓他們認識食物的不同味道，用舌頭、牙齒及口腔內的肌肉去感受不同食物的質感，鼓勵孩子嘗試，汲取及累積生活經驗，迎接長大後可能在口味上的轉變。

5.4 嗅覺

如對嗅覺較為敏感，有些人可能會對花香味有過敏的反應，會打噴嚏；有些人會抗拒香水的氣味，嗅了可能會出現頭痛或不安的症狀；近年很多從植物提煉出來的精油，不同種類的人亦會對其氣味的好與壞各執一詞，曾聽見友人說，在公司內用了精油作擴香用，一位同事因抵受不住其氣味而請她停止擴香，友人感覺百思不得其解。例如有些人會比較喜好特殊的氣味，如剪草時發出的草青味、海水味，木材味。

嗅覺的練習可以從嬰兒時期開始，例如可讓幼兒多用手觸摸、聞聞看，增加他們對嗅覺上的敏感度；孩子如對嗅覺屬於低敏感，需提高警覺的是他們所喜歡的氣味是否對身體有危險，例如電油味和油漆味等；同時也要留意他們對危險環境時的觸覺感，例如遇上火警，最先接觸到的不是火，而是應嗅到「燶味」，如嗅覺不太敏感，這情況下便相對危險了。所以在感知訓練方面，可多讓孩子辨別不同氣味。

5.5 觸覺

觸覺太強或太弱也會影響孩子的適應能力，觸覺較強的孩子對不同的事物顯得特別敏感，可能會害怕觸碰不同物料，例如洩了氣的氣球，觸摸後可能會打冷震。他們抗拒洗澡，可能是因為害怕花灑接觸到身體的感覺；不喜歡赤腳，可能是因為不能接受腳掌放在地上的冰冷；不喜歡到沙灘游泳，可能是不喜歡把腳放在沙粒上；不喜歡某些物料的衣服，原因可能是衣服的質地會令他痕癢；不喜歡別人觸摸，或許是因為曾經被別人觸摸時產生靜電。

相反，觸覺較弱的孩子反應方面會顯得較為緩慢，如從日常生活上舉出例子，他們可能會對觸碰冷水或熱水敏感度較低，因為他們不太容易感受到熱或冷；可能不害怕打針、受傷時可能會望著傷口，但沒甚感覺，因為他們不太感到痛楚；做家務時也可能會較為「論盡」，會常弄跌杯碟；有些時候我們可能會看到有部分孩子喜歡用手重複來回觸摸突出而有質感的牆壁；可能很喜歡把紙巾重複撕碎成一小一小塊；也有些時候會喜歡觸摸不同質感的物件，例如順滑、粗糙、凹凸不平、冰冷的、有彈性的、軟的、硬的、黏的等等，因為他們可透過觸摸來獲得觸覺刺激。

一些孩子會採取「逃避」的方法避免觸碰，也有一些孩子會採取「觸摸」來尋求刺激，那如何讓孩子在觸覺上取得平衡？「感知訓練」可讓孩子運用較合宜的方法來調節觸覺帶來的不同影響。如孩子是「逃避型」，父母便可以多讓孩子接觸不同質感的物料，建議小步子地讓他們循序漸進地適應，感受不同質感的物料帶來的感覺。同時，也可以讓孩子運用手的觸覺去感受或辨別不同形狀的物件。如孩子是「尋求刺激型」，特別依戀某些質感，極端的情況是，如看見陌生人的物件或物品，可能會忍不住去觸碰，在這情況下，父母可以觀察孩子對某種物料是否過份依戀，例如毛巾或絲襪等，父母可以把毛巾剪出一小塊放在孩子的袋中，年紀較小的可以買一隻毛巾公仔取替，如依戀絲襪這種物料，同樣地可以放一隻絲襪在孩子的袋中，這樣做，便能避免很多不必要的衝突或後果。

5.6 前庭平衡

前庭平衡與身體的平衡能力息息相關，如前庭平衡失調，可以是過弱或過敏，前庭平衡過弱者，會喜歡尋找刺激的活動，例如喜歡把物件旋轉，例如玩具車輪、喜歡看東西旋轉，例如風扇、也會自轉身體，轉速越快越高興；因喜歡其轉急彎及速度感而喜歡玩過山車；喜歡跳蹦蹦、較愛衝撞、不太懂得控制大小力度、搖手、搖腳、搖頭；一些開關掣、電掣等也可能不放過，也會喜歡看忽光忽暗的效果，用作平衡自己尋求刺激的渴求。

前庭平衡過敏者，因為平衡能力偏弱，他們的動作可能偏向緩慢，會很抗拒搖動身體的活動，害怕轉動時帶來的失平衡感覺，這種感覺可能會讓他們覺得天旋地轉、易暈或嘔吐。他們抗拒的活動可能包括一些離開地面讓他們站不穩的活動，例如，盪韆鞦、搖搖板等；也可能因畏高而害怕離心的活動；在日常生活方面，動作協調也可能稍遜，例如上落樓梯時較為心慌，在行車時不能看書等。

調節平衡失調，也有機會影響其視覺追蹤的能力，繼而影響孩子閱讀和抄寫的能力；當腦部和手眼協調欠缺平衡，可能會影響孩子的情緒，當然不排除要找物理治療師或職業治療師作進一步的評估及接受一些針對性的訓練。除此，父母亦可嘗試尋找一些與控制平衡力相關或有速度感的活動；也可以多進行一些多作推、拉、跳的動作或對抗地心吸力的活動。父母陪伴孩子一起參與，增加他們的信心，例如輔助孩子學倒立、打筋斗、搖搖床、捉迷藏、跳飛機、滑斜坡、溜冰、走平衡木、攀爬、跳彈床、坐小船、盪鞦韆、氹氹轉、乒乓球、羽毛球，或一些需要用眼睛、手和腳協調的活動如爬行遊戲，讓孩子學習向前爬行，懂得適當時候把頭抬高，讓身體經歷及找出重心位置，逐步適應身體的平衡力。

5.7 本體

本體的主要功能是保持身體平衡、控制身體的大小肌肉而讓關節靈活活動，如一些孩子的本體較弱，可能需要用視覺協調去完成不同動作，例如必須要用眼睛看著結他弦才能彈出聲音、要看著波鞋才可以綁鞋帶、要看著鈕扣才能夠扣鈕；他們也可能不太善於運用力度，例如未能控制手握力，未能掌握運用力度的輕重，影響寫字執筆能力、繼而影響運用不同文具的技巧。

大家有否曾嘗試測試自己閉上眼睛站立一兩分鐘？感覺如何？原來有部分人的身體反應是會搖擺不定，不能維持原本的姿勢；大家又有否曾測試自己閉上眼睛是否可以受控地行到一條直線？原來亦有部分人是未能做到的，如合上眼睛身體會搖擺不定或未能行到一條直線，代表不能控制自己的本體，這可以說是人們的「適應性反應」，每個人的適應性反應可強可弱，有些人會用其他身體的感覺而令自己更專心，例如會眨眼、伸懶腰、離開現場洗臉、吃口香糖、喝咖啡等，來讓自己更清醒，更專心；所以如看見一些小朋友坐不定、搖晃自己的身體時，他們實際上也可能是控制不了自己的身體，就像我們合上眼睛會搖擺身體，或合上眼睛也未能行到一條直線，是不能受控的；所以小孩子也一樣，他們在上課或做功課時會運用一些「適應性反應」來調節自己的不適感，因此，照顧者可再思考，是否需要孩子每時每刻也須要坐得端正。

鍛煉孩子的本體，較小的孩子可讓他們多鍛鍊小肌肉，例如穿珠子、穿繩子、學習扣鈕、打蝴蝶結、捏泥膠、摺紙、砌積木、市面上亦有訓練小肌肉的練力膠等，鍛鍊孩子小肌肉的發展的同時，也提升孩子的生活自理能力。較大的孩子可由父母從旁教導他們運用剪刀，剪出不同形狀，讓小手肌發展得更靈活。訓練大肌肉方面，可多讓孩子進行攀爬活動，多做運動、多跑多跳、打翻斗，跳高、跳遠、羽毛球、籃球等投球運動，把訓練項目根據孩子的發展融入日常生活。

總結

孩子感覺統合出現障礙，代表他們在感官方面接收和處理的反應敏感度「過高」或「過低」，這些反應可能會讓孩子感到不安，繼而會做出一些逃避行為或不同種類的刺激性行為，也可能會做一些重複性或大眾不能接受的行為，而感覺統合治療的策略便是運用一些「良好」的反應來改變「負面」的反應。照顧者可先了解孩子，找出及分析他們在哪種信息上有障礙，然後再釐定障礙是「低敏感」還是「高敏感」，繼而再選擇適當的感統訓練作為目標，把目標重點學習。建議從訓練中心或於學校所學到的技巧，多在家中練習或從日常生活中體驗，重新調整對適應環境的偏離或極端反應，效果更會事半功倍。

如父母因懷疑子女有特殊行為情況，想自行為子女作初步評估，坊間亦有不少非牟利機構會向政府或其他團體申請不同基金，並為有特殊需要的家庭提供各式各樣的資源和訓練；部分機構會邀請正在修讀碩士的實習生為小朋友提供培訓，如能提供相關文件，收費一般會較為便宜；有些機構的網站也會提供網上教材或影片，教導父母如何在家中為孩子做訓練。教育局轄下的「融合教育及特殊教育資訊網站」在主頁中點選「特殊教育需要」類別一欄，便會發現有一系列的家長資訊，當中亦有一些評估工具，讓家長可為孩子的特殊情況作初步了解，所以空餘時，父母不妨多瀏覽互聯網，在搜尋器上輸入關鍵字眼，尋找合適的資源，例如：家長資源、教學資源、培訓資源、識別及評估資源等。

第六章

這是衝動行為嗎？

孩子從小便要為他們建立有耐性，學習輪候。在日常生活中，不同場合也難免要輪候，吃飯要輪候、到主題公園玩機動遊戲要輪候、乘坐交通工具要輪候、到超級市場付款要輪候、去洗手間也要輪候。

相信不少父母也認識到，從神經科學的角度來說，重複行為到一定次數，便會成為習慣；若習慣持續，該習慣便會成為性格的一部分。我們每天的一些小習慣，例如穿衣服，會先穿手袖的某個方向；家中的日常用品，會放置於某些特定位置；喝咖啡要放多少茶匙糖等，也是在我們日常生活中經常出現而不察覺的習慣。

倘若孩子從小已學習「輪候」，而當「輪候」已成為自己的習慣時，不論對父母或是孩子，確是一件美事。

各位父母是否察覺，較沒有耐性的小朋友性格是否比較衝動？這對他們有什麼影響？「衝動行為」即等於在事件中沒有準備、沒有反思，亦沒有顧及後果的情況下作出結果。看看以下例子，猜測可能發生的後果。

這是衝動行為嗎？

1. 眼前一杯很燙的水，沒有測試水溫直接喝下。

2. 在馬路旁見到喜歡的巴士，衝向巴士。

3. 在公園的遊樂場，因為急性子玩滑梯推開了其他小朋友而不自知。

4. 沒有耐性聽從父母教導。

這是衝動行為嗎？（續）

5. 去錯洗手間，例如男孩子會入錯女士洗手間；女孩子會入錯男士洗手間。

6. 會把衣服反轉穿著卻懵然不知。

7. 抄功課會跳行跳字。

8. 因為沒有耐性，為免父母「囉嗦」，會承認一些自己並沒有犯錯的事。

這是衝動行為嗎？（續）

9. 被人責罵難以忍受，無法克制自己的行為。

10. 看見喜歡的東西，會立刻想佔有。

11. 缺乏理財觀念，衝動購物。

12. 常衝口而出。

這是衝動行為嗎？（續）

13. 忘記規則而犯規。

14. 做功課粗心大意。

15. 在別人談話時容易干擾別人。

16. 自我抑制能力較低。

這是衝動行為嗎？（續）

17. 說話速度比平常人快。

18. 沒有耐性排隊。

19. 被別人碰撞，不論有心還是無意，會很憤怒。

20. 做事較「甩漏」，較難做事有條理，有計劃。

這是衝動行為嗎？（續）

以上發生的行為也會很常見，只是如發生在一些性格比較衝動的孩子來說，便會顯得較為頻密。如小朋友年齡較小的，有些行為有時會讓旁人覺得有趣；但隨著孩子年齡逐漸長大，大眾對一些行為表現便會相應地有不同層次的期望。

建議父母訓練孩子的同時，可以多向孩子解釋每一種狀況的發生是會得出不同的結果，也要讓孩子明白每個期望的結果亦需要付出，也有代價。

訓練元素及家居配合訓練方式：

要讓孩子明白做每件事情需要有計劃。

「預告」孩子事件發生的處理方法。

與孩子一起釐定計劃，共同訂立目標。

學習情緒管理。

學習「執行技巧訓練」

與孩子一起記錄已學習的項目，強化記憶。

訂立獎勵計劃，計劃可劃分為短期、中期及長期目標，讓孩子循序漸進學習。

飼養寵物，學習照顧自己以外的事情。

參與培養耐性的活動，例如桌上遊戲、下棋、垂釣等。

帶孩子到不同地方時，多讓孩子習慣輪候。

第七章

個案分享

自閉症兒童在生活上面對很多挑戰，我們應該怎樣入手訓練他們？如何讓他們更易去適應生活？坊間有不同的訓練方法，如個別輔導、小組等等。

以下從學校社工跟進 ASD 學生個案的角度，就着學生的特質、在校園生活上遇到的挑戰，如自理、情緒、社交和感統等困難，與 ASD 學生、家長和老師共同努力面對挑戰的例子。ASD 學生在不同的策略、輔導和訓練下，有不同程度的改善和果效，透過這些真實事例，讓讀者了解學校社工如何協助 ASD 學生適應校園生活，而家長又怎樣協助及參與當中的訓練，才能讓孩子有效及理想地融入校園生活當中。有需要的人士，除了可以掌握 ASD 孩子在學校可能遇到的困難及狀況之外，更可以參考當中訓練或小錦囊等教導孩子的方法，以此作為參考，協助孩子愉快地適應校園和日常生活。

個案一

愛上整潔的小恩「執行技巧訓練個案」

ASD 孩子的執行功能比同齡孩子發展遲緩，特別是在自我管理、時間概念方面，十分模糊，且組織能力也很薄弱，以及欠缺達成目標的能力。因此，ASD 孩子的執行技巧需要針對性地訓練，社工在這個個案上分享了一些自我管理，如執拾書包、個人自理和個人時間表規劃的訓練，以加強小恩的執行技巧能力。

小恩在學校的情況

小恩是一位文靜的女孩子，升上小一後，在學業上，能夠跟上各科的進度，於學期中的統測，成績優異。可是，小恩經常披頭散髮，白色校服已發黃，看起來霉霉皺皺的，並且校服上有幾處污漬，十分顯眼。近距離接觸小恩時，能見到小恩的臉有飯漬及眼垢。

小恩的桌面經常擺滿文具、書本、紙巾和口罩等等東西。在日常的課堂上，同學們都能按老師的指示，拿出所需文具做課堂練習，而小恩卻十分苦惱地尋找，而最後往往在桌下的地上找到。

早上交功課時，小恩經常找不到功課，有時候，在同學的協助下，能在書中的內頁找到工作紙；有時候，則能在書包底下找到前天要交的作業簿；有時候，則未能找到功課，遺留在家中。

於學校小休時，小恩經常留在座位上畫畫，間中會獨自一人在走廊流連，或到圖書館看書。由於小恩的自理情況與其他同學有明顯的差異，一般同學們都會避開她，較少與她有接觸。

小恩在家中的情況

由於小恩經常欠交功課，班主任與家長聯絡後，得知小恩在家中的自理能力有待改善，她經常拒絕洗澡、刷牙、洗面等清潔衞生的個人習慣。最高峰期的時候，小恩曾在暑假時連續七天沒沖涼。於平時上學時，小恩每天放學回家後，既不換校服，也不除襪子，便立即躺在床上看她喜愛的書籍，直至媽媽放工回家後，在她不斷催促下，小恩才開始做功課、然後吃飯、洗澡等等事情，小恩平日，都是接近凌晨才能上床睡覺。每天早上起床後，小恩通常在床上發呆，在媽媽的協助下，小恩才緩慢地穿校服。然後，在媽媽的催促下，她才拿起牙刷，但遲遲不動手刷牙，因此，每天小恩都與媽媽發生爭執，有時候更因此而遲到。媽媽無奈地指出平時小恩只含着牙刷，然後漱口，再草草地用毛巾抹了嘴巴一下，且不讓媽媽為她梳頭紮辮，當媽媽想幫忙時，小恩便掙扎、發脾氣、哭鬧，最後匆匆忙忙地趕時間上學去。

個案一（續）

小恩面對的挑戰：

1. 感統需要
2. 個人自理 (執拾書包及個人儀容)
3. 時間觀念認知

學校社工的分析及介入方法

無疑地，小恩的個人儀容、整潔、文具及書包整理已經影響她的生活，更甚者，她的社交可能會因她的自理情況受影響，所以，小恩的情況需要正視及介入處理。

轉介作評估

首先，小恩不喜歡淋浴，是否花灑淋在身上的感覺讓她不適？或是小恩討厭牙刷接觸牙肉上的磨擦呢？到底小恩是否有感統上的問題？在與小恩的父母溝通下，學校社工建議他們帶小恩到私家或非牟利機構尋求臨床心理學家、職業治療師等專業人士作詳細評估，對方會就着孩子的需要給予建議及訓練。最後，小恩的父母帶他到家附近的非牟利機構作評估，收費相對低。評估結果是小恩的觸感太敏銳，一般人覺得洗面、刷牙、洗澡是可以接受的，甚至是一件舒服享受的事情，但小恩卻覺得是一種折磨。例如：當水淋在她身上時，她感到每個細胞都在叫嚣，痕癢萬分。因此，職業治療師分別為小恩及家長提供一些脫敏的訓練及示範。由於小恩已經七歲了，錯失了最佳時機，因此，訓練成果需要較長的時間及堅持，家長需持續在家中為孩子做訓練。

提升執行技巧的訓練

就着以上的情況，小恩的執行技巧需要提升。執行功能是指大腦一系列的高階認知功能運作的統稱，與執行和計劃有關，當問題出現時，懂得調整自己的行為，持續達致目標完成的能力（Pennington & Ozonoff, 1996）。當中執行是指孩子開始任務、控制情緒、持續專注、堅持達標、靈活變通和抑制反應；而計劃則是指工作記憶組織、安排做事優次、時間管理、檢討及改善。(Blair & Razza, 2007; Miyake, Friedman, Emerson, Witzki, & Howerter, 2000)。

ASD 孩子的執行功能比較弱，對於一些自我管理、自主性的任務，如整理日常生活上的個人物品、刷牙洗面、執拾書包，他們往往不能做到父母的期望，同一個任務，照顧者可能發現他們久久未開始當刻的任務；又或者他們已在做其他事情，給予他們的任務已忘記了。因此，在一般人認為簡單、理所當然的事情，對於小恩這類型的孩子來說，卻是一個很大的挑戰。幸好，有足夠及適合的執行技巧的訓練，能讓 ASD 孩子學會自主控制，家長不用催促或強逼孩子，他們也能好好完成任務。

個案一（續）

執行功能主宰孩子的自主控制能力和抑制反應，就着小恩的情況，她在面對自己喜愛的事情時，如看喜愛的書籍、畫畫、上課學習新知識，她能夠持續專注並完成。可是，當小恩面對不感興趣和有困難的範疇，如收拾書包、個人物品和個人自理，她便難以開展任務，缺乏動力去完成，有見及此，小恩需要別人鼓勵及協助她去克服這些挑戰。

(1) **整理書包的方法及技巧**

家長或照顧者可能會感疑惑，平時，他們已經教過或提醒了小恩收拾書包的方法，當時小恩也有在聽，但為何只上學了一天，書包回家後，變得亂糟糟，又有些文具不翼而飛？

由於小恩的執行功能缺損，一般上，小恩會記不住父母、師長的教導，她亦會不知道如何把書包裏的物品分類，怎樣擺放這些物品；同時地，她有可能不知道如何開展收拾書包的任務。因此，為了確保小恩能掌握整理書包的技巧，社工羅列了執拾書包的次序，並製作成流程表。在製作過程中，為了增加小恩的動機及記憶，社工與小恩分辨哪些是每天上學的必需品，再有系統地將不同的課本、作業等物品歸類，放入文件夾、功課袋；之後，讓小恩用相機將這些步驟拍攝下來，一起製作收拾書包的流程表，並分別張貼在桌面、手冊頁面，讓小恩在視覺上，能夠清楚掌握該概念。再者，社工交給家長流程表的複本，讓家長在家與小恩練習。

而在學校，支援老師於功課堂、小休與小恩練習及檢查成果，持續一段時間後，當小恩能夠有條理地收拾書包後，支援老師會逐漸採取突擊檢查，加強小恩持續保持執拾書包的好習慣。

(2) **製作生活時間表**

由於小恩的時間概念模糊，且沒有一個良好的生活習慣，她每天都需在媽媽的督促下才能完成各項任務，一日復一日 …… 小恩變得更被動，且容易與媽媽發生衝突。久而久之，媽媽和小恩皆感到很疲倦及煩躁，而核心問題也沒有得到解決。因此，當務之急，小恩需要一個清晰可行的日常流程生活時間表，這樣能預告小恩在什麼時段做什麼事情，減少她的焦慮和不安。同時地，也能讓小恩學習在恰當的時間做恰當的事情，從而培養她的自律性和主動性，因而即使媽媽不在場，她也能夠在不同的時間裏做各項指定的任務。可是，這些都是說起來容易，但實行時卻很需要父母的耐性及堅持，因為生活時間表內的某一些任務，都是小恩想逃避的，如洗澡、刷牙和洗面等等，因此，家長要因應孩子的需要給予相關的訓練和作一些調節，例如：改變洗澡模式，如不用花灑沐浴，而轉為浸浴；刷牙時，是否可轉用特定的牙刷，減少因磨擦帶來的不適？這些都需要父母平日內細心觀察

個案一（續）

孩子的反應和抱着樂觀的心，不斷地嘗試，才能找到合適自己孩子的方法。每個孩子都是獨特的，他們有不同的習性和反應，需要針對性的應對方法！

另外，為了提高小恩實踐生活時間表的動機，父母務必讓小恩明白為何有該時間表，與她自身的關係和重要性。同時，父母要經常給予肯定和鼓勵，以及獎勵，讓小恩有動力跟著時間表及目標做下去，那事情便會事半功倍了。

小恩的成果

家長的分享

評估讓我們改變了對待小恩的方式，該評估除了讓我們知道一些方法和策略去幫助小恩之外，更讓我們體諒小恩的困難，爭執和衝突因而減少了，小恩也變得聽話和合作了。所以，在實行生活時間表時，雖然當中遇到了很多即時性的困難，但堅持下來，就能見到小恩的進步。

在大半年的堅持下，小恩漸漸地能跟隨時間表的流程，改變了拖拖拉拉的習慣，主動地按照時間表完成任務。另外，小恩也養成了每天在固定的時間，執拾和檢查自己的書包，書包變得整整齊齊，我們不需再與小恩拉鋸，在照顧小恩上也變得輕鬆了。

班主任的分享

經過大半年的訓練，小恩的個人儀容變得整潔了，小馬尾高高的紮起，小臉蛋乾乾淨淨，校服也整齊，整個人看起來十分清爽可愛，與以往相比，簡直判若兩人。另外，小恩遲到和欠功課的情況大大減少，老師每天收功課時，小恩不需要同學的協助下，也能迅速地在書包找出當天要交的功課，枱面也變得整齊有條理，枱下也甚少有跌落的文具，明顯地，小恩的自我管理和自理能力進步了，實在令人太鼓舞了！

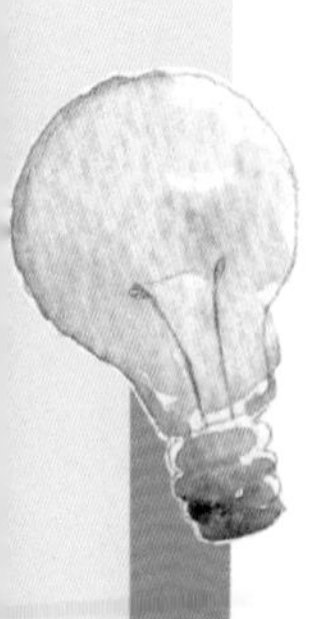

家居訓練小錦囊

平日，家長在家中與孩子相處的時間最多，也最了解孩子的性格和生活習慣，所以，家長在家中為孩子提供密集式和適切的訓練，最能夠讓孩子有明顯的進步和改變。以下是筆者給家長在執行技巧訓練上的小建議：

- 除了為孩子製作流程表，訓練其執書包的能力，家長也可以教導孩子利用一些小工具，避免忘記帶東西或做漏功課。例如，告示貼、日曆表、螢光筆……家長宜與孩子練習如何運用這些小工具，每次強烈鼓勵孩子運用這些小工具。因為孩子一般都表示不需要，自己會記得，但最後卻忘記了。

- 在訂製生活時間表時，父母可與孩子坐下來，一起探討時間表內要做的任務。一些孩子會很理想化地將時間表排到滿滿的，最後卻實行不了；有些孩子會避開他們不想做的事情，父母可趁機了解孩子的想法和預測的困難。從而探討解決的方法，孩子可能會給你意想不到的回應和方法呢！再者，孩子一起參與製作生活時間表，能夠提升他們的時間觀念之餘，也能增加他們的參與度和投入度，更讓他們有動力去實踐該時間表。

TIME

個案二

成為情緒主人的軒仔「情緒管理個案」

由於 ASD 孩子在情緒調控方面較弱，令他們在生活上面對很多的困難及衝突。因此，社工在這個個案上會分享一些認識、察覺情緒的方法，以及控制情緒的技巧及能力的策略，例如：認識情緒的方法、情緒日記、情緒溫度計和情景漫畫解讀輔導的方法提升和加強軒仔的情緒管理。

軒仔在學校的情況

軒仔是一位四年級的插班生，今年八歲，皮膚白皙、人長得很可愛。軒仔喜歡電子錶，對不同款式的手錶均有心得及研究。平時，他喜歡與同學分享手錶的功能和型號，圍繞着自己感興趣和熟悉的話題。

新學校逢星期一、五在操場有早會，媽媽擔心軒仔會忘記，所以早上送軒仔到學校時，都會提醒他必須到操場集隊。可是，軒仔每天早上回到學校，往往會繞過操場，到學校的後樓梯，來回地撫摸着扶手欄杆，每步橫跨著兩級樓梯，慢慢地向三樓的課室走去。最後，班主任需往課室帶軒仔到操場集隊。 有一次，在後樓梯當值的風紀提醒軒仔要一步一步走樓梯，不可以在後樓梯玩耍，風紀見軒仔不理會他，便上前制止他的行為，軒仔因此有情緒，突然尖叫，手握拳頭，欲攻擊對方。最後訓輔老師介入處理。

在課堂上，軒仔經常撫摸手上的電子錶、玩弄指甲及手指，或是突然離開座位、隨意走動或打開教室內的書簿櫃。當老師嚴肅地望著軒仔，暗示他需要坐回座位，他目無表情，繼續做自己喜歡的事情。直至老師多次以說話邀請軒仔回座位，他才能做到。有時侯，軒仔會突然憤怒地望著老師或同學，大聲尖叫或拍打桌椅，甚至雙手握拳，作出想打人的模樣，讓人不知所措。

曾在體育課堂上，體育老師教導同學們射籃，當旁邊的同學將波傳給軒仔時，軒仔反應不及，誤以為陳同學用球襲擊他，他感到十分生氣，拿起籃球大力扔向該同學，以致該同學跌倒受傷。

軒仔面對的挑戰

1. 未能察覺自己及他人的情緒
2. 不擅於表達情緒
3. 學習管理情緒

個案二（續）

學校社工的分析及介入

軒仔對情緒的概念很模糊，他不懂得觀察別人的面部表情，也不懂得解讀別人的情緒，他亦很少用情緒詞彙去表達自己的感受，當事情不如他的預期時，他並沒有以說話去表達自己的想法、心情和感受，往往以行動表達當刻的憤怒和不滿，以致別人不明白他，衝突和誤會接二連三發生。

因此，軒仔有學習情緒詞彙、如何辨別人情緒和表達情緒的需要，最後軒仔也必須學習察覺自己的情緒和管理情緒的需要。

認識及辨別基本情緒

首先， 社工在個別輔導中，在圖片的輔助下，教導軒仔認識人的的四種基本情緒，如開心、傷心、害怕、生氣。社工明確地教導軒仔如何在圖片中人物的眼睛、嘴巴、眼眉毛等不同特點辨別圖片中人物是哪一種情緒。然後，社工給予軒仔面譜，讓他練習，掌握該面部表情的特徵。最後，社工再給予情境題，讓軒仔辨別情景中人物當下的情緒，藉此練習讓軒仔運用所學的技巧，其後更運用於四格漫畫（留意下方的講解），在生活上實踐，分析日常生活上人物的情緒，透過多次重複練習，希望軒仔能夠辨認別人的情緒。

當然，對於軒仔來說，要準確掌握別人當下的情緒有一定的難度，所以，社工除了教導軒仔在別人的面部表情中推測他們的情緒之外，更教導軒仔可以從別人的語氣、肢體動作去辨別別人的情緒。

情緒日記

為了讓軒仔熟習運用情緒詞彙表達自己的心情，所以，社工設計了一本心情日記，請軒仔每天分享一件與四種基本情緒（開心、傷心、害怕、生氣）有關的事情，軒仔需要在喜愛的手錶面譜上畫上表情以記下當天的心情，並寫下或畫下原因。於初期，軒仔在班主任堂或早會時，被抽離到輔導室，由社工引導他如何在喜愛的手錶面譜上畫上昨天或當天的心情，再引導他講述事情，然後，在方格上寫出該事件。一個星期後，當軒仔熟習該模式後，社工則請家長在家協助軒仔完成心情日記，然後由社工每星期見軒仔一次，與他檢視其心情日記。軒仔漸漸地能夠用「開心、生氣」去表達自己的心情，簡單寫下原因。

軒仔的心情日記　開心　傷心　害怕　生氣

日期	時間	地點	事情	想法	心情

個案二（續）

情緒溫度計

由於軒仔的情緒調控能力十分弱，於日常生活上，情緒經常一來便達致火山爆發程度，期間沒有漸進的過度期，因此，軒仔在情緒爆發之前，往往沒有先兆。很多時候，軒仔突然尖叫、拍枱，甚至作勢打人，讓人害怕。

於是，協助軒仔察覺自己的情緒是有必要性的。首先，軒仔需要學習如何從自己的生理、心理去察覺自己的情緒狀態，然後採取合適的方法預防和舒緩負面情緒，這樣能夠預防情緒爆發的不良後果。

首先透過圖片、短片，讓軒仔認識憤怒的心理反應，如：臉紅、心跳加速、眉頭皺起、手握拳頭等等生理反應。然後運用情緒溫度計幫助軒仔認識心理反應中的不同程度的情緒，如：程度一——平靜 / 開心；程度二——疑惑；程度三——不滿；程度四——煩躁；程度五——憤怒。當中可以與軒仔探討，在不同程度的情緒當中，他採取了什麼方法？根據軒仔的情況，在未受訓練前，他在程度一至程度四中，很明顯地，他並沒有採取任何舒緩情緒的措施，直達到程度五。因此，透過情緒溫度計讓軒仔評估自己對於事情當下的情緒屬於哪一級，然後採取合適自己的方法去舒緩負面情緒。例如：當軒仔的情緒達致程度三或以上時，軒仔可以選擇：

1. 深呼吸，離開現場，去洗手間洗面
2. 深呼吸，喝水冷靜
3. 望着錶面，逆時針倒數數字數次
4. 深呼吸，以說話表達自己當刻的情緒

這樣能夠有效預防軒仔突然情緒爆發。後期，社工更將簡單化的情緒溫度計融入於日記心情當中，讓軒仔評估在事件當中，自己的情緒狀態達致什麼程度，讓軒仔熟能生巧，達致內化，能時刻明白自己的情緒。

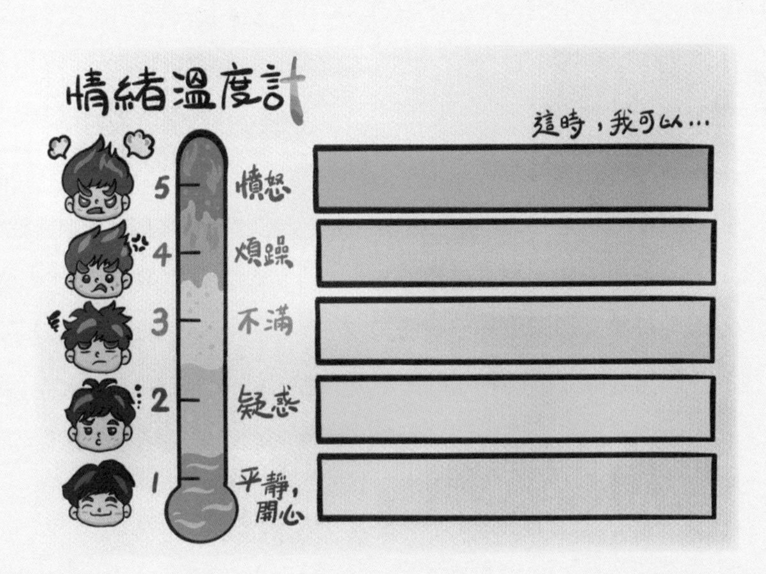

個案二（續）

情景漫畫解讀輔導

情景漫畫解讀能夠提升軒仔的想法解讀能力，將事件具體化以圖畫表達出來，能夠協助軒仔理解抽象的概念，再透過圖畫分析事件的前因後果，深刻地讓軒仔明白對方的情緒感受、想法和行為，從而化解誤會，繼而學習處理方法。

在日常生活上，社工經常與軒仔用情景漫畫解讀分析不同的衝突。其中一例子，如軒仔當天於體育課與同學發生的衝突。首先，社工將一張白色畫紙分開四格，並在四個格上備註一至四的編號，讓軒仔由編號一至四的格上，將事件順序發生的始末在漫畫展示出來，社工引導軒仔，在一號格上，畫上事件的主要人物，並聚焦在人物的表情、說話和想法。以實線的說話泡泡表示人物當時的說話，以及用想法泡泡表示軒仔推斷涉及人物的想法，並畫上人物當時的表情，展示其情緒。因為軒仔在解讀別人的想法並不容易，他很可能誤解對方的想法，因此，由軒仔在四格漫畫中展示他猜想別人的想法，能夠讓社工在輔導時，糾正他的想法謬誤。其後，讓軒仔正確掌握別人當時的想法也是他需要學習的地方，並解開導致衝突的原因。最後，社工與軒仔一起討論，到底在哪一格的行為出現了誤會，怎樣才能避免誤會。社工協助軒仔改寫結局，想出解決問題的方法，同樣地，畫出涉及人物的表情、說話以及想法。因此，這樣的比較，能夠讓軒仔清晰地看到事件上的衝突，以及在新的格上呈現不同的結果，讓軒仔明白他如何去解讀別人的想法，能導致不同的結果。

以下是社工運用情景漫畫輔導軒仔的例子：

1. 軒仔表示於體育課時，同學們在練習投籃。

社工邀請軒仔將情景畫出來。

社工詢問軒仔當時的感受和想法，軒仔表示他感到沉悶，因為他不喜歡上體育課。社工提示軒仔畫出沉悶的表情，再將「不喜歡上體育課」的想法放入想法泡泡。社工問軒仔有關其他同學的情緒，他表示同學們都玩得很開心，所以，在其他同學的臉上畫上開心的表情，並推測同學覺得投籃好好玩！於是請軒仔將同學的想法放入想法泡泡。

2. 突然，有一個球「擲」到軒仔的頭。

社工請軒仔回憶自己當時在想什麼，再引導軒仔想想當時同學們和自己的表情及心情，並畫在人物的臉上。

軒仔表示很痛，感到很生氣，不明白同學 A 為什麼用球「擲」他。社工將軒仔的想法放入想法泡泡。而同學 A 好像說了「接住」，放入說話泡泡。軒仔表示其後發現其他同學都很震驚。

個案二（續）

3. 之後，同學們即刻跑到軒仔前面，同學 A 還未說話，軒仔已大力將球「擲」向同學 A。

社工讓軒仔畫下及寫下當時的動作及想法後，軒仔在回憶時，仍感到十分憤怒，不明白同學 A 為什麼要用球擲他，他一定要還擊。

社工引導軒仔思考自己當時的想法是否能讓同學 A 及其他同學明白。起初，軒仔並沒有意識到自己當時並沒有問對方原因，只是自己在心中想著。社工再引導軒仔回憶當他將球「擲」向同學，對方和其他同學們的表情和回應，並放入說話泡泡。同時，亦反問軒仔猜想同學 A 跑過來的原因。

4. 最後，軒仔告知社工同學 A 向體育老師投訴。

社工讓軒仔畫出涉事人物，編寫當時人物的說話，再鼓勵軒仔說出當時老師和同學 A 的表情和感受，讓軒仔明白這不是一個理想的處理方法，並會給人留下壞印象。

改寫結局（正確事件處理方法）

完成整件事件的漫畫後，社工要求軒仔找出問題出現在四格漫畫中的哪一格，軒仔成功說出第三格出現了問題，社工協助軒仔改寫第三格的事件。

首先，社工讓軒仔畫出人物，引導軒仔如何處理事件，軒仔表示可以提醒自己冷靜，並將當時的想法以想法泡泡畫出來，由於當時軒仔並沒有將說話說出來，所以，是次他會告知對方自己的疑問，給機會對方解釋。由於軒仔回憶起當時同學A在他被擲中後，匆忙趕過來，所以他猜想對方可能向他道歉及解釋原因。

協助軒仔將正確處理事件的方法畫出來，能夠加強軒仔的記憶，並能夠學習到正確處理事件的方法。

當然，由於軒仔未能夠將該事件學習到的道理類化到其他事件上，所以，情景漫畫解讀的輔導方法，需要重複又重複，並運用於不同的衝突事件當中，希望能讓軒仔就着不同的事件，透過分析別人的面部表情、肢體動作、說話，更正確地猜想別人的情緒及想法，避免在自己的角度去理解事件，那麼，軒仔在與人相處上，便能夠和諧共處。

個案二（續）

孩子的成果

家長的分享

軒仔轉校大半年，在學校的協助下，在情緒控制和表達方面，均有明顯的進步。在家與我們溝通時，當他表達不滿時多了運用「生氣」，「不開心」表達自己當刻的感受，而非以往那樣「尖叫、哭鬧」。學校社工也指導我們怎樣回應他的負面情緒。當軒仔表達了他「生氣」的情緒時，我們會就着事件協助他完整表達他因什麼事而生氣，神奇地，孩子也因此大大減少了他的情緒，也變得容易溝通了。

另外，軒仔也主動分享他的心情。有一次，我們帶他去迪士尼公園玩，他主動分享說：「媽媽，我今天很開心，星戰極速穿梭機很刺激，我心情十分緊張。剛才你捉緊我的手及尖叫，你是否感到害怕？」我聽後很感動，因為軒仔甚少分享他的感受，更別說留意別人的情緒。

班主任的分享

軒仔與剛轉校時判若兩人，他的情緒穩定了很多。當衝突發生時，他嘗試以說話表達自己的感受和想法，讓人明白他多一些。漸漸地，軒仔在明白他人的情緒和感受也有突破，老師在處理衝突時，解釋不同人的立場，軒仔不再堅持自己的想法，能夠接受對方的意見和想法，從而調整自己的行為，誤會也因此減少了。另外，軒仔在課堂時的表現也有很大的進步，很多時候，當他觀察到老師面部表情的暗示，他並不需要老師的說話提醒，他已能做好自己的行為。

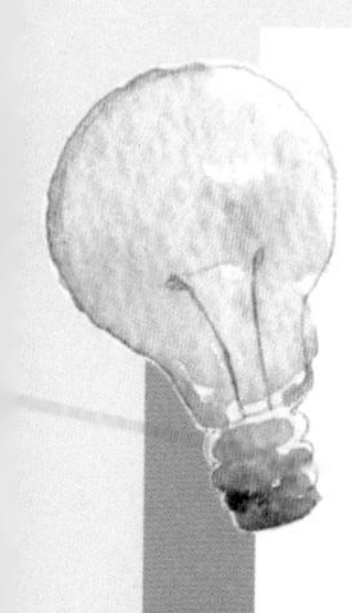

家居訓練之小錦囊

為了提升孩子辨認情緒、情緒表達和情緒管理的能力，在家中，家長可參考以上的方法，筆者也有以下的溫馨提示，希望家長在家居訓練能夠順利及得到理想的效果。

- 在認識基本情緒之後，家長可以透過不同遊戲提升孩子學習情緒詞彙的效果和動機，例如：製造情緒面譜、猜猜估估情緒大電視等等的互動親子遊戲，讓孩子對情緒詞彙有更加深刻的體會，從而加強記憶。

- 家長在與孩子講解情緒溫度計之後，家長可將情緒溫度計加插於情緒日記當中，合併一起用。當中，家長亦可以將孩子喜愛的人物或物件的圖片，加插於日記當中，以提升孩子的投入程度。其中關鍵秘訣：家長須堅持，每天安排特定的時間與孩子一起做情緒日記，一日復一日，孩子掌握情緒詞彙，能夠流暢及恰當表達指日可待。

- 度身訂造的情景漫畫也是很好的家居訓練工具，家長只要拿起一張白紙和一支鉛筆，只要懂得畫火柴人，無論是衝突或是日常生活的事件，家長也可以透過情景漫畫與孩子分析自己、人物的情緒、想法，除了回顧指出自己的情緒之外，更能夠了解當中的說話的含意和感受，此舉能有效地訓練孩子解讀別人的想法，快速提升孩子推測不同人的想法，促進社交溝通。

改寫
他不是故意，

個案三

懂得禮儀的賢仔「社交故事策略個案」

就著這個個案，社工採取了社交故事作為介入點，希望從不同的社交故事，灌輸賢仔正確的社交距離意識、教導他交談的說話技巧，以及認識朋友的方法，從而改善賢仔以上的困難，以下是社工將社交故事的策略融入於具體事例當中，以及社工和家長如何合作，家長在家中配合訓練的情況，再由老師和家長分享成果，最後，附上家居訓練小錦囊。

讀者可從該個案留意家長可以怎樣配合學校的建議，因為家校合作真的很重要，缺一不可，兩者的堅持，方能為孩子帶來莫大的轉變。

賢仔在學校的情況

賢仔是一位六年級的男同學，今年十二歲，他有方方的臉蛋，戴着大大的眼鏡，中等身材。賢仔記憶力超強，特別是對於阿拉伯數字，他能過目不忘。例如，只要賢仔見過的電話號碼便能熟記，並能一字不漏地背出來。賢仔是一位熱情的學生，於小息及午飯後，他經常穿梭在同學之間，有時候，他會突然加插於其他同學的對話中，轉眼間，他會突然離開。另外，賢仔經常挨近同學，與同學和老師的距離很近，有時他會貼著同學的耳朵說話，有時他又會拖同學的手或擁抱對方。因此，有些同學感到不舒服，避開賢仔 ……

有一天，訓導老師告知社工，賢仔與同學小文打架，小文表示賢仔最近經常跟着他，小文嘗試避開，賢仔卻大聲叫他父母的姓名及手提電話號碼，令他感到十分生氣，所以他便踢了賢仔一腳。賢仔則表示他只是跟小文一起玩捉迷藏，朗讀對方父母的電話號碼是跟他開玩笑，對於被小文踢了一腳，感到疑惑和不開心。

賢仔面對以下的挑戰：

1. 提升社交距離的意識
2. 與人談話交流的技巧
3. 提升想法解讀能力
4. 結交朋友的需要及技巧

學校社工以社交故事介入的具體方法

提升社交距離的意識

社工編寫了了一個與社交距離有關的社交故事與賢仔分享，該社交故事內容與賢仔的日常生活類似，同樣在學校發生。透過相似的環境、人物、事件，以及一些恰當社交距離的具體例子，讓賢仔明白怎樣的距離才讓人舒服。與人太近的距離會讓人不適及反感，而合適的距離會讓人舒服及喜歡。首先，社工作為講解

個案三（續）

故事的人，與賢仔分享該社交故事。其後，角色調轉，社工邀請賢仔作為講故事的人，與社工講述該故事，在過程中，若賢仔未能掌握社交故事的重點時，社工便在旁邊引導他，藉此讓賢仔能夠明白社交距離的重要性，以及如何與人保持恰當的距離。然後，社工給予賢仔任務，讓他回家與父母分享該故事。最後，社工致電給家長，讓他們鼓勵賢仔分享社交故事，並作出正面的回應及讚賞。

以下是因應賢仔結交朋友的狀況而設計的社交故事例子：

社交故事之：我想結交朋友

1)

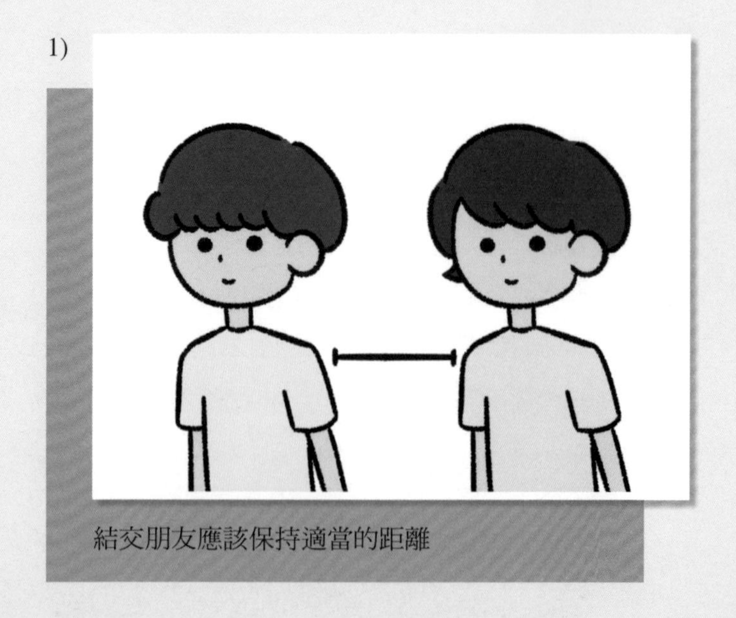

結交朋友應該保持適當的距離

2)

不用貼著同學耳朵說話

3)

不用拖同學的手

個案三（續）

4)

不用擁抱對方

5)

這樣的距離便太貼近了

6)

太貼近朋友會覺得不舒服

7)

他們也會覺得很奇怪

個案三（續）

8)

他們也會覺得很害怕

9)

這樣做，他們會跟其他朋友玩

10)

為什麼要有適當的距離？

11)

因為這樣會讓朋友感覺舒服

個案三（續）

12)

這是較為合適的距離

13)

如果我用這個距離跟同學傾談

14)

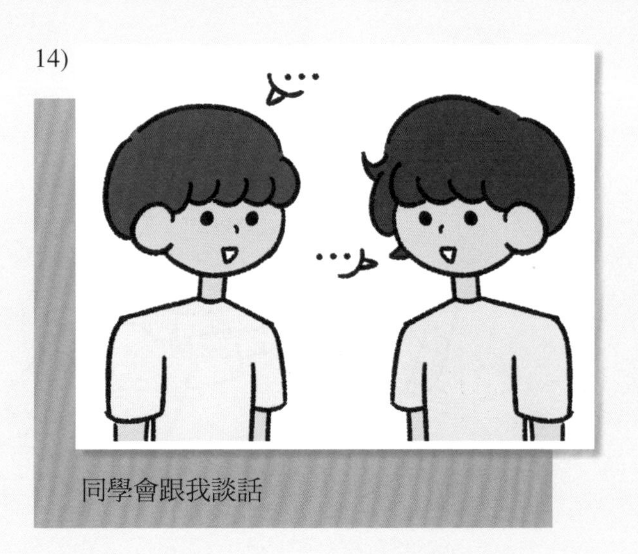

同學會跟我談話

15)

同學會跟我一起玩耍

個案三（續）

16)

同學會願意跟我交朋友

17)

我能結交到朋友

提升談話技巧

由於賢仔與人聊天時，經常沒有開頭、結尾，他會突然加入同學的對話中。有時候，同學正回應賢仔的問題或說話，但他已走開，即使同學們想與賢仔交流，可惜已沒有對象了。有見及此，社工與賢仔的班主任了解他平時一些習慣及細節，得知賢仔在與人溝通時，往往未能掌握在不同的情境應該說些什麼說話，例如：早上見到老師應該先打招呼，說話完結時應該說再見，並作出基本的解釋，例如：「不好意思，我突然記起老師約了我，下次再聊，再見。」因此，賢仔需要學習與人交談的說話技巧。社工找了一些與談話有關的社交故事，在早會時段，邀請賢仔到輔導室，與他分享那些故事，然後，與賢仔進行角色扮演，讓賢仔重複練習在與人交談時，應該怎樣開展話題、轉換話題、結束話題。於日常生活上，協助賢仔將其技巧實踐出來，並監察其成效，對於不熟練的說話技巧，社工會再與賢仔重複練習。最後，將其社交故事副本交給父母，鼓勵父母在家中多與賢仔練習。

個案三（續）

提升想法解讀能力及結交朋友技巧

首先，就著賢仔與同學發生衝突的打架事件，社工以四格漫畫與賢仔分析該事件，讓他理解別人的想法及感受。從而明白小文為何有如此大的反應，甚至攻擊他。由於賢仔背後的動機是想與小文做朋友，一起玩耍，但他用錯了方法，誤以為跟隨在同學背後，叫對方父母名字及電話號碼這個行為是與同學玩及交流，殊不知道這些行為會讓同學感到尷尬、反感及生氣，讓同學不喜歡他，以及避開他，因而難與同學們建立友好關係。

再者，社工教導賢仔一些社交上的潛規則，這些潛規則在日常生活上並沒有文明規定，對於賢仔來說，較難理解和明白，例如：哪些說話是不能說的；哪些行為是不能做的，這些都是賢仔需要學習的地方。如下：

★ 問別人年齡

★ 問別人詳細住址

★ 說別人電話號碼及父母的姓名

★ 談及別人的弱項及缺點

★ 翻看別人桌面上的手冊

然後，社工運用結交朋友的社交故事，讓賢仔學習如何認識朋友的步驟和規則，並且讓賢仔記下一些自我提醒的金句，如下：

★ 每人都有選擇朋友的權利，你有我有，人人都有。

★ 找共同興趣，說共同話題的人做朋友。

★ 與人相處要有禮，有問有答，人人讚。(友來友往社交訓練手冊，2015)

藉此讓賢仔明確了解與人交朋友的細節和技巧，從而促進人際關係，融入校園生活。同樣地，社工致電與家長分享當中輔導情況，在家與賢仔重溫社交故事動畫，背誦自我提醒的金句，在日常生活中，也可以運用這些金句作為提醒的工具。

孩子的成果

家長分享

賢仔在學校社工的介入下，感覺孩子開心了。每天回家後，孩子有時會分享他與同學的事情和當天所發生的特別事件等等。從孩子的分享當中，感覺孩子與同學的互動多了，他能夠說出一些細節，如平日在學校與同學玩了些什麼或那位同學喜歡什麼。以往他只能夠分享他當天做了些什麼，甚少能說出其他同學的事

個案三（續）

情。另外，孩子落樓下公園玩耍時，他能夠與人保持距離，不像以前那樣挨近陌生人；或突然衝到陌生人面前問一些不當的說話，如：你屋企電話號碼幾多號？你住邊度？幾多室？我曾經教過孩子不要做這些不恰當的行為，但效果不明顯。自從在家中，持續地運用學校社工分享的社交故事，只簡潔地描述社交故事，針對性地重複訓練賢仔不熟悉的技巧，並鼓勵、欣賞賢仔的參與及實踐。漸漸地，現在賢仔在社交上、行為上均有明顯的進步，實在令人太高興了！

班主任分享

經過一學年的家校合作下，賢仔與同學的衝突減少了，與同學的關係也改善了。現在的賢仔能夠與人保持恰當的距離，在與同學和老師交談時，很多時能問一些恰宜的問題，彼此有問有答、「有頭有尾」。其中印象最深刻的是：賢仔有時候會自言自語地背一些口號，不需要老師的提醒，賢仔也能自行調整他的行為，做出好行為。另外，賢仔少了跟蹤同學，他似乎明白到每個人都有選擇朋友的權利，不再一相情願地與同學做朋友。現在，賢仔懂得接近一些與他有共同興趣、共同話題的同學。有時小組研習分組時，他們也自行組成一隊，相處融合，氣氛良好。所以，我感覺賢仔在校園的生活愉快了。

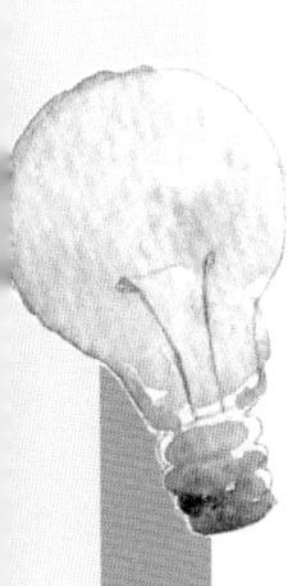

家居訓練小錦囊

每天，孩子在學校有很多課堂要上，社工只能盡量在不影響學生學習的情況下，將學生抽離課堂，用有限的時間輔導學生，所以家長的配合、在家持續訓練孩子尤其重要。同時地，現今家長也非常忙碌，一身兼多職，怎樣可以在百忙百中有效地為孩子做家居訓練呢？以下是筆者給家長的一些建議：

- 訂立固定時間和特定的時段為孩子提供家居訓練。如家長每天抽半小時於孩子睡前重溫社交故事的技巧或金句，溫故知新，強化孩子的記憶。

- 家長自行制定獎勵計劃表，以提升孩子參與家居訓練的動力。在獎勵計劃開始前，與孩子達成共識。每次當孩子完成任務，在他面前張貼貼紙以示獎勵。當貼紙達到一定數目後，給予孩子想要的獎勵。

- 社交故事是很好的訓練工具，家長可以根據孩子的獨特性和需要去編寫社交故事。社交故事可以是簡單的文字，又或是圖畫和文字，但由於 ASD 的孩子視覺學習較強，所以家長可採取圖文並茂的社交故事。值得注意的地方是，在製作社交故事時，避免使用複雜的圖案和艱辛的文字，主要以直接、淺白易明的文字和不複雜的圖案，這樣在訓練的過程中，能避免分散孩子的注意力，孩子容易理解當中的意思，且能聚焦於訓練重點內容。若家長不擅於繪畫，可以在網上或應用程式的協助下，簡單製作圖畫，再加上簡單文字製作切合孩子需要的社交故事便可以了。

第八章

獨有的天賦才華

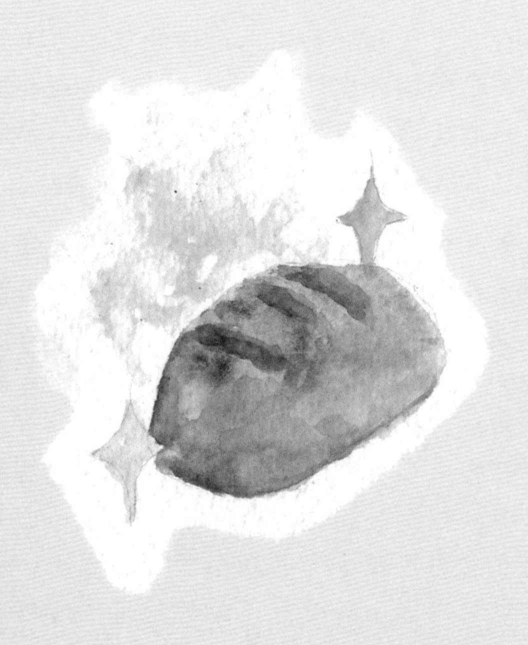

有鑑於「自閉症」於 1943 年才被美國精神病學家和醫生坎納（Leo Kanner）首次在論文中提出，而根據歷史記載，有很多偉大的名人卻出生於這年代之前，而當後世人根據他們的性格而推斷，有些名人也疑似患有自閉症：例如不善於社交、個性害羞和孤僻的牛頓；以及擁有超強記憶力、高度專注力，於文藝復興時期同時也是一位文學家、科學家、哲學家、發明家和藝術家集於一身的 --- 李安納度達文西，代表作有「蒙羅麗莎的微笑」和「最後晚餐」等。

至近年代的有英國天才藝術家史蒂芬·威爾夏（Stephen Wiltshire），三歲時被診斷患有自閉症，五歲才懂得開口說話，卻擁有超強記憶力，能夠過目不忘，把在短暫時間看過的景觀，只需數天便能把四方八面的景觀細緻地描繪在十多米長的畫布上，他卓越的成就更被英國政府頒發了「英帝國勳章」（Louise Chambers, 2022）。世界首富馬斯克（Elon Musk）亦曾於主持一個著名美國綜藝節目時說自己患有亞斯伯格症候群（Asperger syndrome）。

獨有的天賦才華

每一位孩子也是獨一無二，他們有著自己的個性和喜好，如能善用他們的長處，好好發揮，也可以成才。「玉不琢，不成器；人不學，不知義。」更好的寶玉，也要經過精心雕琢才能顯得非凡；更聰明的孩子，要經過恰當的磨練，才能成才。

不少 ASD 孩子有高度專注力和顯著的特殊能力，可能是一位雙重特殊資優生，在照顧他們時，父母適宜給予雙重空間給孩子，一方面要有足夠的學習空間，能擴闊及發揮資優孩子特質，嘗試發掘他們的特點來發揮潛能；有些孩子在才華發展方面也不一定顯露於學業上，成績表現可能會較為遜色，但對有興趣的事物卻會有強烈的好奇心，樂於細緻地鑽究；另一方面要給予足夠的精神空間，照顧他們情緒及人際關係支援，提升各方面的抗逆力，兩者均需要兼顧及平衡。

在記憶和感官上，一些孩子的記憶力甚好，聽過的對話或看過的書，可以一字不漏的還原背誦出來，當別人提問時，他可以告訴你答案是在哪一本書、哪一篇章節、哪一頁；熱愛歷史科目，能一語道出和歷史相關的答案；有些孩子能背出年曆表，當別人提問任何年月日時，他便能立刻準確地說出該日是星期一到星期日的哪一天；喜歡巴士，什麼巴士型號、引擎、與巴士相關的書籍也會百看不厭，或能完整地背誦各國的地鐵路線圖。

一些孩子會有特強的聲音感知能力，只是聽聽「旋律」，便能夠輕易地彈奏歌曲；一些孩子則會有超強的觀察能力，可以透過真實景象便能畫出一幅幾乎一樣的畫作;亦有一些孩子會熟悉太空、喜歡科學、天體的知識;喜歡飛機引擎、會鑽研各種飛機、戰機的型號；喜歡恐龍，熟悉每一種恐龍的特性等。

教導這類型孩子，其實就好像砌凹凸槽積木一樣，把一塊合適的積木放在準確的位置上，針對著他們獨有的性格，放在「對」的位置或場合，給予適當的鼓勵，提升孩子的自信心，好好培訓及栽培，嘗試去尋找他們隱藏著的天賦才能，說不定將來孩子可能會有出人意表的成就。

當然有些地方也要留意，如父母未能及時找出孩子的優勢，如孩子有著某種天份，舉一例子，孩子熱愛打電子遊戲機，他的優勢是眼睛追視速度，這孩子將來便會變成打機高手了，但這是否父母想得到的期望？如孩子有著「追視速度」的優勢，倒不如把「打遊戲機」以考眼界及速度的運動取代，例如射箭、羽毛球、乒乓球、劍擊等，藉著其優勢加以栽培。

獨有的天賦才華

如用製作麵包來比喻教育孩子，應循序漸進地跟隨步驟，捏麵粉團時，適當時候可加些少水，適當時候應加些麵粉，不能多、也不能少；想麵包好吃一點，亦加入不同的調味，讓麵包焗起來色、香、味俱全；每一個焗起來的麵包也可以獨一無二，焗出來麵包的質素，便要視乎下了多少功夫、時間是否配合得宜；當麵包製作完成，亦不能忘記焗爐也需要休息，不能不停地製作，否則焗爐也會過熱。

教育孩子當然比焗麵包複雜得多，所以要與孩子並肩作戰，共同努力，不能操之過急，不論體力或精神上，在適當時候也需要休息，避免讓孩子的腦部過份操練，正如平板電腦過度操作，底板也會過熱。

父母也不能掉以輕心，當發現孩子有特別天份的同時，應避免只著重栽培孩子的天賦能力，亦應多注重孩子在情緒、溝通及人際關係，讓孩子在各方面也得到平衡發展。

結語

父母對孩子的愛有多少，絕對非筆墨所能形容，關心孩子成長乃是理所當然，關心孩子的日常種種實在要花上不少時間和心血，學習的意義是，先學而後習，訓練孩子的同時要明白到不能操之過急，也要學懂愛護自己，照顧自己，也需要有自己的私人時間，時間分配得宜，不論身心，也需要休息，祝福天下父母能陪伴孩子一起成長，擁抱幸福。

參考文獻

1. 冼權鋒、許令嫻、徐麗楨合編 (2010):《全納教育全攻略 : 理念篇》香港 : 中國教育及科研特佳印刷。

2. 李麗梅 (2008):《不一樣的孩子 : 認識及培育學習差異兒童》，香港 : 中文大學出版社。

3. 邱上真 (2005):《特殊教育導論 - 帶好班上每位學生》，台北 : 心理出版社。

4. 冼權鋒 (2000):「邁向成功之融合教育」，列於許令嫻、吳仰明合編，《多元學習的教》，教育評議會六週年文集，53-60 頁，教育評議會。

5. 冼權鋒、杜秀慧合編 (2000):《邁向成功之融合教育計劃 : 融合教迫之我思我自見學員文集》香港 : 香港教育學院。

6. 楊蕢芬 (2005): 《自閉症學生之教育》，台北，心理出版社。

7. Attwood, T. 著，何欣善譯 (2005):《亞斯伯格症 : 寫給父母及專業人士的實用指南》，台北，久周。

8. Mesibov, G. B. (2010):《自閉症學生的融合教育課程 : 運用結構化教學協助融合》，台北市，心理出版社股份有限公司。

9. 黃成榮 (2002):《教導學童遠離欺凌》，香港，復和綜合服務中心出版。

10. Downing J.E. et al 著，曾進興譯 (2003):《教導重度障礙學生溝通技能 : 融合教育實務》，台北，心理出版社。

11. 謝錫金 (2006):《香港幼兒的口語發展》，香港 : 香港大學出版社。

12. 葉淑儀 (譯)(2000):《語言發展遲緩的孩子》，台北市，新苗文化事業有限公司。Dettmer, P., et al.. (2009). Collaboration, consultation, and teamwork for students with special needs (6th ed.). Upper Saddle River, N.J.: Pearson/ Merrill.

13. Hodgdon, L. A. 著，陳質采及龔萬菁譯(2006)。《自閉症行為問題的解決方案；促進溝通的視覺策略》。台北 : 心理出版社

14. Howlin, P., Baron-Cohen, S., 及 Hadwin, J., 著，王淑娟等譯 (2011)。《心智解讀 : 自閉症光譜障礙者之教學實用手冊》。台北市 : 心理出版社

15. 張慧欣、羅陳瑞娟、吳麗如、忻嘉俐、陳嘉寶、馮春好 (2005)。《社交故事訓練指南》。香港 : 香港痙攣協會。

16. Nick Dubin 著，王慧婷譯 (2010)。《亞斯伯格症與霸凌問題 : 解決策略與方法》。台北 : 心理出版社。

17. 何福全等 (2012)。《想法解讀 III: 教導自閉症兒童認識及處理情緒》。香港 : 香港教育學院及優質教育基金。

18. Nick Dubin 著，王慧婷譯 (2010)。《亞斯伯格症與霸凌問題 : 解決策略與方法》。台北 : 心理出版社。

19. 何福全等 (2012)。《想法解讀 III: 教導自閉症兒童認識及處理情緒》。香港 : 香港教育學院及優質教育基金。

參考文獻（續）

20. Elizabth.A.L & Fred F. 著，香港耀能協會譯 ((2015)，《友來友往社交訓練手冊》。香港：香港耀能協會出版。

21. American Psychiatric Association (APA) (2013) Diagnostic and Statistical Manual of Mental Disorders (DSM-V). 5th Edition, American Psychiatric Publishing, Washington DC.

22. Amaral, D. G., Dawaon, G. and Geschwind, D.H. (Eds) (2011). Autism spectrum disorders. New York: Oxford University

23. Baker, J.E. (2003). Social skills training: For children and adolescents with Asperger syndorome and social-communication problems. Shawnee Mission, KS: Autism Asperger Publishing

24. Blair, C., & Razza, R. P. (2007). Relating effortful control, executive function, and false belief understanding to emerging math and literacy ability in kingdergarten. Child Development

25. Ekins, A. & Grimes, P. (2009). Inclusion: developing an effective whole school approach. Maidenhead, England: McGraw Hill Open University Press

26. Forlin, C. & Lian, M.G. (Eds.) (2008). Reform, Inclusion and Teacher Education: Towards a New Era of Special Education in the Asia. London: Routldege/ Falmer

27. Howlin, P. (1998). Children with autism and Asperger syndrome: A guide for practitioners and carers. New York: John Wiley.

28. Kaweski, W. (2011). Teaching adolescents with autism : practical strategies for the inclusive classroom. Thousand Oaks, Calif. : Corwin Press

29. Laugeson, E. A., et al. (2009). "Parent-assisted social skills training to improve friendships in teens with autism spectrum disorders." Journal of autism and developmental disorders, 39(4): 596-606.

30. Laugeson, E. A., et al. (2012). "Evidence-based social skills training for adolescents with autism spectrum disorders: The UCLA PEERS program." Journal of autism and developmental disorders, 42(6): 1025-1036

31. Miller, S.P. (2009). Validated practices for teaching students with diverse needs and abilities (2nd ed.). Upper Saddle River, N.J.: Pearson.

32. Moore, L. O. (2009). Inclusion strategies for young children: a resources guide for teachers, child care provides, and parents. Thousand Oaks, Calif.: Corwin Press.

33. Miyake, A., Friedman, N. P., Emerson, M. J., Witzki, A. H., & Howerter, A. (2000). The unity and diversity of executive functions and their contributions to complex “frontal lobe” tasks: A latent variable analysis. Cognitive Psychology

34. Pennington, B. F., & Ozonoff, S. (1996). Executive functions and developmental psychopathology. Child Psychology & Psychiatry & Allied Disciplines

35. Sage, R. (Ed.) (2010). Meeting the needs of students with diverse backgrounds. London ; New York : Continuum.

參考文獻（續）

36. Wehmeyer, M.L. and Simpson, R.L. (2012) Educating students with autism spectrum disorders : research-based principles and practices. New York : Routledge

37. Hadjikhani, N., Åsberg Johnels, J., Zürcher, N.R. et al. Look me in the eyes: constraining gaze in the eye-region provokes abnormally high subcortical activation in autism. Sci Rep 7, 3163 (2017). https://doi.org/10.1038/s41598-017-03378-5

38. Jones, W., & Klin, A. (2013). Attention to eyes is present but in decline in 2-6-month-old infants later diagnosed with autism. Nature, 504(7480), 427–431. https://doi.org/10.1038/nature12715 Moriuchi, J. M., Klin, A., & Jones, W. (2017). Mechanisms of diminished attention to eyes in autism. American Journal of Psychiatry, 174(1), 26-35.

39. 社會福利署。《職業康復服務 / 日間訓練》，取自 https://www.swd.gov.hk/tc/index/site_pubsvc/page_rehab/sub_listofserv/id_daytraining/

40. 教育局。《兒童身心全面發展服務 (0 - 5 歲) 》，取自 https://www.edb.gov.hk/tc/edu-system/preprimary-kindergarten/comprehensive-child-development-service/index.html

41. 香港社會服務聯會。《社會資源尋寶圖 (2016)》，取自 https://www.sen.org.hk/page/p6

42. Lifetime Development。《認識「有特殊教育需要的學生」》，取自 http://www.mylifetime.com.hk/zh-hant/2017/08/29/what-is-special-educational-needs-the-case-in-hong-kong/

43. 香港 01。《【SEN】自閉症學童近萬 /ADHD 個案急增 / 教育局增資源為學生減壓》，自取 https://www.hk01.com/article/316661

44. 德仁綜合治療中心。《自閉症的治療和訓練》，取自 https://www.doctorsimonsiu.com.hk/%e8%87%aa%e9%96%89%e7%97%87%e6%b2%bb%e7%99%82/

45. 自閉症社區訓練協會。《何謂自閉症？嬰幼兒的早期徵兆 What is Autism? Early Signs of Autism》 取自 https://www.actcommunity.ca/information/act-in-chinese/what-is-aba-in-chinese

46. HelloYiShi.《認識亞斯伯格症：亞斯伯格是種特質不是病》， 取自 https://helloyishi.com.tw/mental-health/developmental-disorders/autism-spectrum-disorder-asperger-syndrome/

47. 思健醫務中心。《自閉症譜系障礙 常見精神疾病》，取自 https://www.healthymindhk.com/%E8%87%AA%E9%96%89%E7%97%87%E8%AD%9C%E7%B3%BB%E9%9A%9C%E7%A4%99

48. Healthy Matters.《自閉症（ASD）：症狀、原因和治療》，取自 https://www.healthymatters.com.hk/zh/asd-in-hong-kong-signs-symptoms-causes-and-treatment/

49. 陳穎 (2014)。《DSM-5 相較於 DSM-4 之變革：自閉症類群障礙》，取自 https://ying016.pixnet.net/blog/post/32842842-dsm-5%e7%9b%b8%e8%bc%83%e6%96%bcdsm-4%e4%b9%8b%e8%ae%8a%e9%9d%a9%ef%bc%9a%e8%87%aa%e9%96%89%e7%97%87%e9%a1%9e%e7%be%a4%e9%9a%9c%e7%a4%99

參考文獻（續）

50. Bowtie 醫療資訊團隊。《自閉症兒童有何特徵？如何為小朋友評估自閉傾向？》，取自 https://www.bowtie.com.hk/blog/zh/%E8%87%AA%E9%96%89%E7%97%87%E7%89%B9%E5%BE%B5-%E8%A9%95%E4%BC%B0%E8%87%AA%E9%96%89%E5%82%BE%E5%90%91/

51. 杜佳楣聊自閉症。《為什麼自閉症人士普遍缺乏眼神對視？原因並沒有我們想像中的那麼簡單》，取自 https://zhuanlan.zhihu.com/p/352506162

52. 自閉症在線。《孩子不對視就有自閉症嗎？》，取自 https://ppfocus.com/0/ed331a704.html

53. 共融資料館。《傳情達意用 IT》，取自 https://www.hkedcity.net/sen/id/communication/page_5159637325b719f65d230000

54. Autism Partnership Hong Kong.《回應別人呼喚自己的名字 – 階段一 (自閉症訓練)》，取自 https://youtu.be/RHJIlNDzO_8

55. 自澎湃新聞。《馬斯克自稱患阿斯伯格綜合征：我用火箭送人上天，能是正常人？》，取自 https://m.thepaper.cn/wifiKey_detail.jsp?contid=12599955&from=wifiKey#

56. 黃浥暐。《從 DSM 看自閉症診斷標準演變史》，取自 https://www.angle.com.tw/ahlr/discovery/post.aspx?ipost=2817

57. 北大醫療兒童發展中心。《自閉症孩子的重複刻板行為與強迫症一樣嗎？》，取自 https://kknews.cc/psychology/bzy63nm.html

58. 陳君訥。《自閉症，精神健康學院 - 精神健康教育資料》，取自 https://www3.ha.org.hk/cph/imh/mhi/article_02_01_02_chi.asp

59. 吳佑佑。《自閉症類群障礙 (Autistic Spectrum Disorder，ASD)》，取自 https://www.tscap.org.tw/TW/NewsColumn/ugC_News_Detail.asp?hidNewsCatID=7 &hidNewsID=129

60. iHealth.《自閉症有哪些症狀？父母、老師、朋友的相處方式》，取自 https://www.ihealth.com.tw/article/%E8%87%AA%E9%96%89%E7%97%87/

61. 黃彥鈜 (2021)。《自閉症能治癒嗎？這些症狀是自閉 6 方法改善》，取自 https://www.epochtimes.com/b5/21/6/8/n13008269.htm

62. 梁婉珊。《自閉症》，取自 https://holistictreatment.com.hk/%E8%87%AA%E9%96%89%E7%97%87/

63. 康運。《自閉症是什麼？成因、症狀、治療一次了解》，取自 https://www.commonhealth.com.tw/amp/article/84090

64. 兒童健康。《【明星育兒】區永權分享照顧自閉症兒子經歷冀家長勇敢面對積極解決》，取自 https://topick.hket.com/article/3380930?r=cpstna

65. 香港教育城。《共融資料館》，取自 https://www.hkedcity.net/sen/

66. 特殊教育資訊平台。取自 http://sen.com.hk/

參考文獻（續）

67. 教育局。《第三層支援：個別化的加強 輔導和訓練》，取自 https://sense.edb.gov.hk/uploads/content/asd/book2/Primary/AIM_Primary_Ch10.pdf

68. 教育局。《輕輕鬆鬆學語音 - 香港教育城》，取自 https://www.hkedcity.net/sen/sli/training/page_516792c425b719067b050000

69. 自閉症人士福利促進會。取自 http://www.swap.org.hk/cms/

70. 主流教育自閉學童家長會。《關於自閉症》，取自 https://www.paacme.org.hk/

71. 基督教聯合那打素社康服務。《聯合情緒健康教育中心》，取自 http://www.ucep.org.hk/

72. 教育局。《全校參與模式融合教育》，取自 https://sense.edb.gov.hk/tc/integrated-education/guidelines.html

73. 香港自閉症聯盟。《最 新 信 息》，取自 http://www.autism- hongkong.com/

74. 港教育大學。《蕊展計劃》，取自 http://www.projectaspire.hk/

75. Autism Partnership.《新聞中心》，取自 http://www.autismpartnership.com.hk/zh/

76. 查找免費 SEN 資源，取自 https://www.senvice.org/senresources-search

77. 香港大學。《「賽馬會喜伴同行計劃」 自閉特色學生小組訓練資源套（小學版）》，取自 https://www.socsc.hku.hk/JCA-Connect/ebook/pdf/primary_00.pdf

78. 修正的幼兒自閉症檢查表（M-CHAT），取自 Microsoft Word - M- CHAT_Chinese_FirstSigns.doc (mchatscreen.com)

79. 協康會。《[伴我童行、伴我童樂]學前自閉症兒童密集式訓練服務一覽表》，取自 https://slp.heephong.org/cht/news/detail/Aut%20school%202018

80. 香港中文大學。《幼兒自閉症量化檢查表 (Q-CHAT)，自閉症譜系障礙大腦與認知研究所》，取自 http://autism.cuhk.edu.hk/b5_form_q-chat.php

81. Autismilee. Symptoms And Signs Of Autism. Retrieved from https://www.autismilee.com/zh-hant/symptoms-and-signs-of-autism/

82. Autism society of America. The Connection is You. Retrieved from https://autismsociety.org/

83. Geneva centre for autism. Resource. Retrieved from https://www.autism.net/

84. Dotdash Meredith. Why Does My Child With Autism Echo Words and Sounds? Retrieved from https://www.verywellhealth.com/why-does-my-child-with-autism-repeat-words-and-phrases-260144

85. Upledger Institute International. Learn From the World's Leading CranioSacral Therapy Experts. Retrieved from https://www.upledger.com/

86. Louise Chambers (2022)。《自閉症畫家記憶力驚人看一眼就繪出城市全景》，取自 https://www.epochtimes.com/b5/22/5/17/n13739055.htm

網上資源推介

(一)自閉症自測及評估參考

- 幼兒自閉症量化檢查表 (Q-CHAT)

  http://autism.cuhk.edu.hk/b5_form_q-chat.php

- 自閉症光譜量表 (AQ-10)

  http://autism.cuhk.edu.hk/b5_form_aq-10.php

- 修正的幼兒自閉症檢查 m-CHAT)

  https://mchatscreen.com/wp-content/uploads/2015/05/M-CHAT_Chinese.pdf

（二）自閉症訓練資源參考

- 查找免費 SEN 資源

  https://www.senvice.org/senresources-search

- 社區資源尋寶圖

  https://www.sen.org.hk/page/p6

- 香港閱讀城搜尋頁

  hkreadingcity.net

- 共融資料館

  https://www.hkedcity.net/sen/

網上資源推介（續）

（二）自閉症訓練資源參考（續）

- 主流教育自閉學童家長會

  https://www.paacme.org.hk/

- 聯合情緒健康教育中心

  http://www.ucep.org.hk/

- 協康會青蔥計劃

  https://slp.heephong.org/cht

- 自閉症學童社交俱樂部互動之城 Link Club

  https://cdc.sahk1963.org.hk/activities.php?id=78

（二）自閉症訓練資源參考（續）

- 香港自閉症聯盟

  http://www.autism-hongkong.com/

- 蕊展計劃

  http://www.projectaspire.hk/

- 心橋兒童發展計劃

  https://www.hkcs.org/tc/services/project-bridge

- 自悠天地 - 自閉症人士成長中心

  http://kingdom-a.yang.org.hk/services.aspx

網上資源推介（續）

（二）自閉症訓練資源參考（續）

- 賽馬會喜伴同行計劃
  自閉特色學生小組訓練資源套（小學版）
  https://www.socsc.hku.hk/JCA-Connect/ebook/pdf/primary_00.pdf

---

- 28. geneva centre for autism
  https://www.autism.net/

- 特殊教育資訊平台
  http://sen.com.hk/

特別鳴謝：插畫

陳凱琳

馮善至

李子康

陳栢佑

鍾睿哲

鍾昊哲

李卓頤

黃韻憙

THANK
you!

及早走進 ASD 孩子的世界

作　　者　馮可兒、吳凱霞

編　　輯　林海東

封面及設計　陳凱琳

插　　畫　陳凱琳 馮善至 李子康 陳栢佑
鍾睿哲 鍾昊哲 李卓頤 黃韻熹

出　　版　超媒體出版有限公司

地　　址　荃灣柴灣角街 34 - 36 號萬達來工業中心 21 樓 2 室

出版計劃查詢　(852)3596 4296

電　　郵　info@easy-publish.org

網　　址　http://www.easy-publish.org

香港總經銷　聯合新零售 (香港) 有限公司

印　　刷　永泰印刷製作公司

出版日期　2024 年 4 月

國際書號　978-988-8839-70-4

圖書分類　社會工作 / 自閉症

定　　價　HK$ 122

聲　　明　本書內容純述分享個人經驗、心得及建議，
有關孩子獨特的情況，請諮詢相關專業人士。
